高等院校建筑与环境艺术设计专业系列教材

环境设计艺术表达

胡林辉　严佳丽　吴吉叶　编著

中国建筑工业出版社

图书在版编目（CIP）数据

环境设计艺术表达／胡林辉，严佳丽，吴吉叶编著
. —北京：中国建筑工业出版社，2022.6（2024.8重印）
高等院校建筑与环境艺术设计专业系列教材
ISBN 978-7-112-27550-2

Ⅰ.①环… Ⅱ.①胡… ②严… ③吴… Ⅲ.①建筑设
计—环境设计—高等学校—教材 Ⅳ.①TU-856

中国版本图书馆CIP数据核字（2022）第109963号

　　本教材理论联系实际，图文并茂、深入浅出，侧重讲练结合，充分体现了技法类教材的系统性和实用性原则。全书主要内容共分为七章，其中包括概述、环境设计手绘表达的基础工具、线条运用、透视基础、材质表现；也包括对手绘设计表达的技法、环境设计下室内设计中的手绘表达、优秀作品赏析和计算机效果图表达运用等内容。同时，结合数字资源平台，图书部分内容可通过二维码扫描阅览，丰富图书的内容和呈现效果。

　　本书可作为高等院校设计、室内设计、园林景观设计等专业的本科教学，也可作为专科、成人教育、自学考试及相关培训的教材使用，还可作为相关专业设计师的参考用书。

本教材提供书中部分图片，读者可使用手机/平板电脑扫描二维码后免费阅读。

责任编辑：张　华　唐　旭
书籍设计：锋尚设计
责任校对：王　烨

高等院校建筑与环境艺术设计专业系列教材
环境设计艺术表达
胡林辉　严佳丽　吴吉叶　编著
＊
中国建筑工业出版社出版、发行（北京海淀三里河路9号）
各地新华书店、建筑书店经销
北京锋尚制版有限公司制版
建工社（河北）印刷有限公司印刷
＊
开本：880毫米×1230毫米　1/16　印张：12¾　字数：356千字
2022年6月第一版　　2024年8月第二次印刷
定价：**86.00**元（含数字资源）
ISBN 978-7-112-27550-2
　　　　（39599）

前言

当今社会处于高速发展的时期，新科技、新材料、新技术的不断涌现，带来了新的思想和观念，使得当今大学生的视野比以前有了更大的拓展。特别是自计算机问世后，其技术的应用已经涉及人们所能接触到的各行各业，延伸了人的脑和手的功能。随着计算机绘图被越来越多地运用到各个设计领域，学生对计算机也产生了越来越强烈的依赖性，甚至有用计算机绘图取代手绘的趋势。这实际上误导了人们对设计本质的认识，更无视作为设计师应该掌握的一项基本技能——手绘设计表达，使学习陷入一种误区。有灵气的手绘表达图与呆板的计算机设计图两者有很大的区别，手绘设计表达是视觉设计造型最基本的表达手段，是向观众传达设计意图的特殊语言，是物化设计蓝图的有效手段。对于环境设计师而言，借助设计表达图可以把设计构图意念不断地扩张、推动、评估，直至将其发挥至完善，设计表达既是一种设计手段，又是设计构思的结果。

环境设计艺术表达是一门基础课，也是一门必修课，是培养学生观察能力、训练学生表达能力不可或缺的重要手段。本书从徒手表达能力的培养入手，为学习打下坚实的基础，同时坚持理论与实践相结合，突出环境设计专业的实践性特点，具有内容全面、实用性强、适用面广等特点。本书可作为高等院校设计、室内设计、园林景观设计等专业的本科教学，也可作为专科、成人教育、自学考试及相关培训的教材使用，还可作为相关专业设计师的参考用书。

本书编写过程中得到了广东工业大学、广州美术学院等院校同仁以及中国建筑工业出版社编辑的支持与热心帮助，还得到我的研究生李聪聪、范杰、廖思茵、刘涛等人，广州方中文化发展有限公司的设计师曾小力、谢小杰、梁锦铮、杨亮君、丘月婷等人为本书提供的大量图片，在此表示感谢。教材编写过程中部分作品未能联系到作者本人，没有标明出处，在此对作者表示衷心的感谢。由于我们编写水平有限，难免会出现一些错误，诚望各位专家、同仁和同学们给予批评指正。

胡林辉

2021年11月于广州

目录

第 1 章 概述

教学目的

了解什么是环境设计、环境设计艺术表达、设计表达的作用与特点、设计表达技法类型有哪些及设计表达与艺术绘画的异同。

教学目标

培养学生的专业认知能力，观察和了解环境设计类型及特点，为环境设计表达课程学习打下良好基础。

教学重点

环境设计的概念、环境设计与艺术表达之间的联系。

教学难点

环境设计表达类型包括哪几大类、设计表达与艺术表达两者之间的异同点。

建议课时

16课时。

1.1 关于环境设计

环境设计，是指相对于某一主体的客观环境，以设计手法来整合创造的实用性艺术，是建立在现代环境科学基础之上，研究人、物、空间三者关系问题的学科。著名环境艺术理论家多伯（Richard P·Dober）说：环境艺术作为一种艺术，它比建筑艺术更巨大，比规划更广泛，比工程更富有感情。其所涉及的学科广泛，包括艺术学、设计美学、社会学、建筑学、生态学、城市规划、人体工程学和心理学等多门学科。环境设计利用特定的技术手段和艺术审美原理，对室内外人居环境进行设计、研究与营造，力求创造出符合人们需求的空间环境。在现阶段的环境设计教育中主要由建筑设计、室内设计、景观设计、公共艺术设计等内容组成。（图1-1）

图1-1 商业空间设计效果图（来源：方中设计）

环境设计诞生于人类为生存而改造居住环境的创作活动中，更为人类在改造环境方面服务。它是人类对生存环境从微观层面到宏观层面的整合性设计，是人们为顺应生活方式而进行的协调性设计，也是引导社会与人之间的行为设计（图1-2）。现代环境设计涉及建筑业、房地产业、建材业和产品制造业等多个领域，与人们的生产生活密切相关。环境设计着重研究环境的整体关系，在进行设计时既要遵循客观规律，又要符合社会经济发展趋势，以实现理论与实操、美感与意趣协同发展。

环境设计在注重形式、线条、构图和色彩等视觉美感的同时，也要与社会、自然生态因素进行糅合，从自然、社会、经济、环境、物质多维度层面进行整体性设计。在拥有扎实的专业理论及学术支撑下，可以借鉴相邻学科专业知识，再结合当代社会发展现状和问题，不断探寻学科理论建设的新路径，推动环境设计理论和实践的创新、健康发展（图1-3）。

图1-2 服装店陈列效果图1（来源：方中设计）

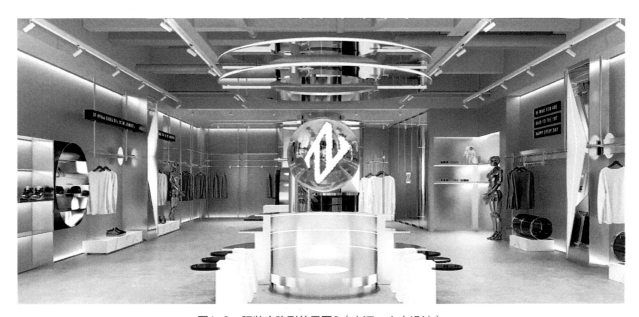

图1-3 服装店陈列效果图2（来源：方中设计）

1.2 环境设计的类型

环境是以人类为主体的外部世界，即人类生存、繁衍所必需的相应环境或物质条件的综合，可以分为自然环境和人工环境。所谓自然环境是指围绕并影响生物体周边的一切外在状态，是直接影响所有生物体自然形成的物质、能量和自然现象的总体。而人工环境是在自然环境基础上所创造出来的具有人类意志的人为环境。人工环境有广义与狭义之分：广义上是指人们在自然环境基础上，根据生产生活需求而进行的一系列有意识地改造活动所形成的环境体系，通常由道路、建筑、设施等物质形态所构成；狭义上是指人工干预围合形成的空间环境。人工环境的营造也时常顺应自然环境，如明代园林家计成在《园冶》一书中提到造园艺术的最高境界："虽由人作，宛自天开"。意为园林虽是人工创造的艺术，但是其呈现的景色必须真实，好像是自然造化生成的一般。强调园林造作应顺应自然，将美融入自然当中，构成大自然的一部分，做到"自成天然

之趣，不烦人事之工"，同理于现代环境设计理念（图1-4）。

"环境设计"是以人的主观意识为出发点，建立在自然环境美之外，对人生活的物质、精神需求所引起的艺术创造，就其设计对象而言涉及自然环境、生态环境与人文社会环境的各个领域。广义上，环境设计如同一把大伞，涵盖了当代几乎所有的艺术与设计，是一个艺术设计综合系统。狭义上，环境设计是以建筑内外空间环境来界定的，包括内部环境设计、外部环境设计。前者冠以室内设计、后者冠以景观设计的专业名称，成为当今环境设计发展最为迅速的两翼（图1-5）。

对于设计类型的划分，设计界和理论界都没有统一的划分标准，一般习惯于按照空间形式来区分，大致可以分为建筑设计、室内设计、景观设计和公共艺术设计等。其中，室内设计是对建筑内部空间的设计，具体来说，是根据对象空间的实际情形与使用性质，运用物质技术手段和艺术处理手段，创造出功能合理、美观舒适、符合使用者生理和心理的空间环境设计。景观设计泛

图1-4 工业风咖啡厅效果图（来源：方中设计）

图1-5 店铺装饰效果图（来源：方中设计）

指对所有建筑外部空间进行的环境设计，又称风
景园林规划设计，其设计主要服务于城市景观设
计、居住区景观设计、旅游度假区与风景规划设
计等方面（图1-6）。

1.3 环境设计与艺术表达

艺术表达是阐述设计思维的一种表现形式，
是设计师表现设计意图的媒介，是设计师传达情

图1-6 商业街效果图（来源：方中设计）

感、体现设计构思的一种设计语言。表达是思维的助推器、抓拍器，思维是表达的源泉和动力。在设计表达中，设计师运用各种媒介、材料、技巧和手段，借助设计思维，以一种生动而直观的方式说明设计方案构思，传达设计信息（图1-7）。

环境设计作为设计的一个重要分支，其表现形式多种多样。它可以是二维画面上的手绘表达或计算机绘制的具有三维效果的建筑或室内设计的表现图；也可以是立体的建筑或室内模型，或是电脑三维动画以及虚拟现实的模拟演示。从广义来说，语言表达也是表现的一种重要方式。它们形式不同，但目的却始终保持一致。

环境设计是一种时空的艺术，其表现形式应建立在四维空间并考虑时空形式及囊括二维空间中，它由准确、严谨的透视和高度概括的绘图技巧紧密结合而成。在这一过程中，设计师通过眼（观察）—脑（思维）—手（表现）三者间的紧密联系，把设计思想转变为一幅清晰可辨的图画。随着信息技术的不断发展计算机辅助设计的应用以其自身强大的功能优势为设计方案的表现提供了广阔发展的空间。而手绘表达作为一种最

直接、最自由的传达方式，从某种层面上说，是计算机无法完全取代的。设计师不但可以用手绘快速表达自己的想法，而且还可以通过手绘向观者表达设计理念，同时在表达过程中还可以通过对画面调整快速把握设计的整体协调性，达到快速有效地解决比例、线条、空间和尺度等问题的目的。一个好的手绘表达是一项优秀设计的开始，在设计师创作探索和实践的过程中，手绘可以生动、形象地记录作者的创作激情。因此，在设计师眼中，设计草图能力犹如武术修养的"内功"，是设计构思以及交流的语言；在设计委托者和欣赏者的眼里，准确明晰的手绘设计表现图往往意味着高水平的设计能力，是达成合作和信任的重要因素。手绘表达在设计艺术表达中占有举足轻重的地位。

1.4 设计表达的作用与特点

环境设计手绘表现是设计师结合自身专业知识并掌握绘图工具及材料特性，将设计构思真实表达出来的一种绘图技术，是设计师推敲设计构

图1-7 客厅手绘表达线稿（来源：严佳丽）

思、完善设计方案的重要手段。从设计内容上，包括空间形态的概念图解、空间功能分配图、空间设计平面图、剖面图和立面图等；从设计程序上，一般可以分为方案草图、方案发展效果图和方案施工图三个阶段。在此过程中，设计师能快速、准确，并以简约的图解方法与综合多元的思维方式，将其设计创意、设计理念以可视化的形象表现出来。

环境设计手绘表达作为专业领域设计师的必备技能之一，不仅能够清晰地表现环境设计主题、思路与方法，还能够帮助甲方理解设计背后的深层内涵。手绘过程可以借助相关技法来进行环境设计表现，丰富设计内涵，提升设计的艺术韵味。手绘过程也可看作是艺术创作的过程，手绘表现作为环境设计当中最基础的专业技能，其往往借助独特的语言形式和表现方法来呈现艺术构思，即使在计算机技术快速发展的今天，手绘表现也仍保持其独特的地位，这归功于以下几个特点（图1-8）：

（1）时效性：设计师在设计的初步过程中，设计思维与灵感可能十分模糊，为了保留灵感与提高效率，其可以借助手绘，以具体化的方式进行及时记录。在与客户沟通的实际场景下，方案改动的情况也十分常见，这就需要设计师及时回应，而计算机制图步骤繁杂，命令烦琐，不利于及时表达，手绘无疑是设计师临时向对方展现设计思想最为高效的一种方式。因此，时效性也成为其最为突出的特点之一（图1-9）。

（2）独特性：在设计方案绘制过程中，由于每个人的思维方式、绘画习惯的不同，对同一空间的手绘图像呈现也有所不同。个人绘画技巧也会对线条的变化、空间阴影的轻重、色彩的搭配等有不同的表现形式。因此，独特性也是其他表达方式无可替代的（图1-10）。

（3）真实性：设计的目的原本就是将设计概念、构想落实在现实的空间场景中。设计师应根据客观对象的造型、比例、色彩和质感等因素，表现出室内外环境的真实效果，同时又要使画面有较强的艺术感染力（图1-11）。

（4）创造性。环境设计是一种创造性活动，一个好的设计构想往往蕴藏于最初的、貌似含混的草图中，这时的草图不仅仅是图面表达，更是

图1-8 吧台休息区设计表现图（来源：陈希洋）

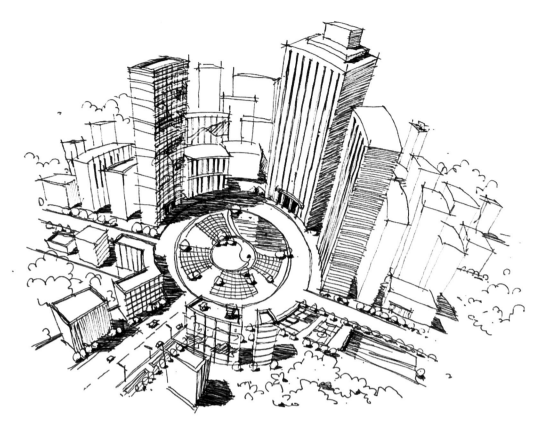

图1-9 快速徒手表现线稿（来源：严佳丽）

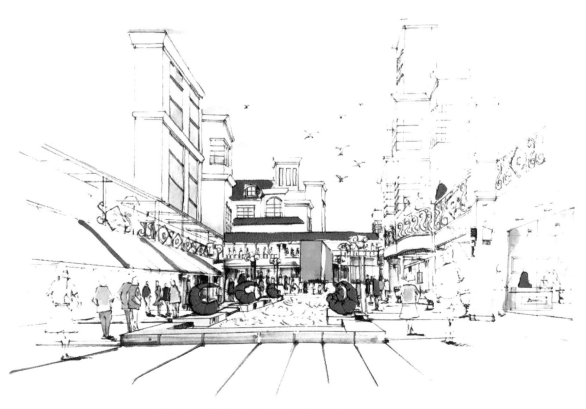

图1-10 景观广场手绘表达效果图（来源：肖紫惠）

图1-11　餐厅休息区设计表现图（来源：李建新）

设计思路的探索，设计师常常借助草图分析各种设计要素的关系，寻找创造新体和空间的各种可能性，建立设计的秩序。

通俗地讲，环境设计手绘表现图是对建筑内外环境的装饰、装置和空间规划方面的形象表达，是一种直观化的图示语言。通过手绘的形象表现，向观者诉说设计意图。此外，还可以补充工程化图示无法体现的属性信息，如色调、光感和材质等。这就要求表现图应具备以上特点（图1-12～图1-14）。

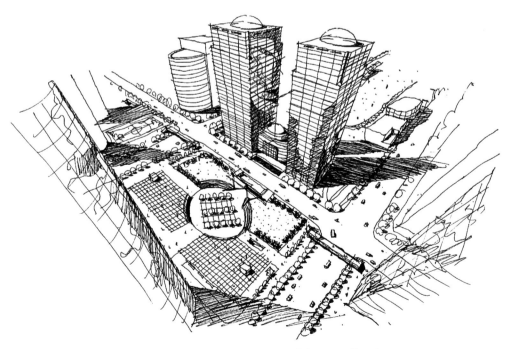

图1-12　景观规划快速徒手表达（来源：严佳丽）

图1-13　景观一角马克笔表达（来源：严佳丽）

图1-14　彩铅马克笔卧室效果图（来源：严佳丽）

1.5 设计表达技法的类型

设计表达是环境设计意识与理念的外在表现，环境设计是设计表达的具象体现。在设计中，手绘因其便捷、快速等特点而深受设计师的喜爱，而手绘表达因其标准不同，其类型也有所区别，大致可以分为徒手草图和展示性手绘表现两大类。

1.5.1 徒手草图

徒手草图有两种分类方式：其一是以绘画目的进行区分，这可以分为"随意草图"和"刻意草图"两种。刻意草图更注重画面所呈现的最终结果，对相关设计要素和创意思维缺乏针对性表现。其中，随意草图不局限表现技法类型，重在思维呈现和个人情趣和瞬间灵感的表达；其二是以思维方式来划分，可以分为"概念性草图""解释性草图"和"结构性草图"等（图1-15）。概念性草图绘制主要以设计师的创意灵感为导向，此阶段的图形一般较为潦草和写意。而解释性草图则注重对细节的刻画和对概念的深化打磨，

是表现出对设计对象进行理性思考且画风详尽的创作形式。总的来说，徒手草图更关注设计过程，在环境设计表达中具有承上启下的作用，且具有即时记录等特点，可以及时表达设计思路与思维演变过程，是设计方案从概念到落实的有力见证。

1.5.2 展示性手绘表现图

展示性手绘表现图是在完成设计方案后，以徒手并借助特定绘画工具结合来描绘设计成果的绘画类型。在环境设计专业，常用于设计方案的丰富完善阶段。展示性手绘表现图因表现技法与使用工具的不同又可以分为多种类型，即包含透视图、立面图、轴测图等多种表达形式。其所用技法具有形式多样、工具丰富等特点。在形式上，常采用徒手表现技法与计算机软件等现代化技术结合的形式来提高画面的表现力。在表现的工具上，既有传统绘画工具如铅笔、钢笔、马克笔、彩铅和水彩等的使用，又有采用现代科技的工具，如手绘板。无论何种工具，皆能为创作提

图1-15 景观休息区一角马克笔表达

供更多的可能性（图1-16）。即使种类繁多，它仍保持科学性与艺术性的完美统一，这体现在它精准的尺度比例与透视关系，以及丰富的画面所营造的艺术审美价值。展示性手绘表现图是对设计方案的准确阐述，是以绘图语言呈现空间环境的艺术形式。

环境设计手绘表现技法具有丰富的内涵和重要的意义，在传达设计概念和相关的工程制图中具有不可替代的作用，对其表现技法的研究也有助于提高专业水准。在现实的空间环境中把握手绘艺术的表现形式，是满足设计诉求选择的最佳渠道（图1-17）。

图1-16　美式卧室手绘线稿图（来源：邓振炜）

图1-17　欧式吧台手绘线稿图（来源：邓振炜）

1.6 设计表达与美术绘画的异同

手绘表达按目的可分为设计手绘表达与艺术绘画表达。设计手绘表达是设计者借助绘图工具，将客观所见所想的信息元素记录下来的绘图过程，也是传递设计者创意灵感的最佳媒介；艺术手绘表达即偏向艺术的绘画，是艺术家凭借自身想象完成的主观性创作（图1-18）。

设计手绘表现图与艺术绘画表达既有同一性，又有本质区别，这些异同大致可以从两者的表现形式、表现技法和表现理念三方面进行深入探讨。

1.6.1 表现形式

设计手绘表达需要体现准确的空间透视（运用几何方法绘制透视是一个严谨、复杂的过程），合理的尺度（包括室内外空间界面的尺度、装修构造的尺度、家具陈设的尺度），材料的真实质感和固有颜色，要尽可能真实地表现实际场景中各物体与环境之间的关系。艺术绘画由于创作需求，需要画家进行艺术加工与改造，是画家个人思想和情感的表露。相比设计表达，其感性特点十分鲜明。

1.6.2 表现技法

任何绘画都离不开创作者绘画基本功底的佐助，这是最基础的创作要求。手绘表达的理性特点对其画面中线条、色彩和虚实关系等的表现都提出了严格要求，而这些技法的运用正是个人基本功的体现。设计手绘表达则继承了艺术绘画的基本绘图功底，但又在此基础上加入了可以同时体现艺术性与技术性的表现技法。在工具的使用方面，两者却有显著区别。因此，艺术绘画是手绘表现图的基础，手绘表现图则是艺术绘画的延伸发展（图1-19）。

总之，设计手绘表达首先要求画面要以空间实际为基础，把握理性与尺度感，注重对物体的形体塑造能力，同时也要更加注重艺术性的表达，可以在理性发挥的基础上融入想象力，这主要表现在视角的选择、色彩的搭配、光影的塑造和氛围的营造等方面，有利于丰富画面效果。手绘表达能形象、直观地表现室内外空间，营造室内外气氛，观赏性强，具有很强的艺术感染力。

图1-18 建筑马克笔效果图（来源：严佳丽）

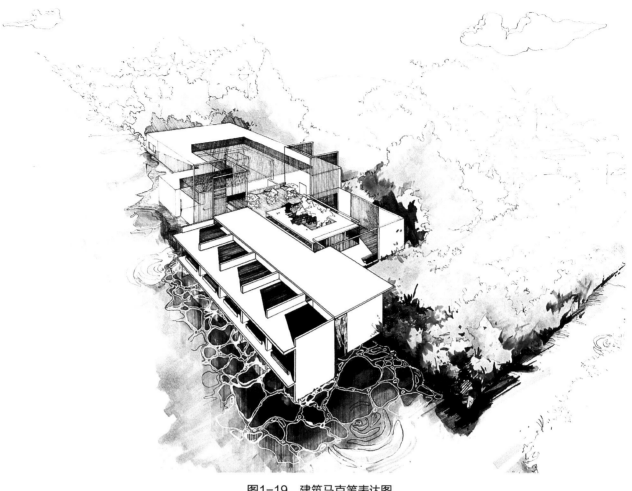

图1-19 建筑马克笔表达图

单元习题与作业

▎ **理论思考：**

（1）什么是环境设计？

（2）环境设计包括哪几大类型？

（3）请举例环境设计表现性特点。

▎ **实训课题：**

（1）选择合适地点进行拍摄，不少于20张照

片。通过对所拍摄资料进行归纳和分析，总结不同类型的环境特点。

（2）选取自己最感兴趣的10张照片找出最具特色的表现形式和表现手法。

第 **2** 章　设计表达的基础

■ **教学目的**

了解设计表达的基础知识，如表达常用工具、线条及控笔练习、空间或物体透视的准确表达及对空间进行基础训练。

■ **教学目标**

培养学生的观察力、思考能力及设计表达实操能力，了解设计表达的常用工具并明白设计表达所包含的内容。

■ **教学重点**

设计表达常用工具，如不同笔、纸张、颜料或其他工具的使用和工具混合使用所呈现的不同效果。

■ **教学难点**

设计表达中线条类型及控笔练习、空间或物体透视表达的准确性和快速性。

■ **建议课时**

16课时。

2.1　常用工具

作为艺术媒介，绘画的工具与材质是艺术家审美创造活动的物质条件和基础，也是传达审美信息的载体。"工欲善其事，必先利其器。"任何画种的特点都与其工具材料有着密不可分的关系，作画者必须先掌握各种工具的性能，并善于运用这些工具，做到得心应手，才能随心所欲地表现出自己的激情与心声。

2.1.1　笔类

铅笔（图2-1）包括普通黑色铅笔、自动铅笔、普通彩色铅笔、水溶性彩色铅笔等。专用的

绘图铅笔有不同的硬度，HB为中等硬度，H为硬铅（6H ~ H），B为软铅（B ~ 8B），数值越大，对应的硬度或软度也就越大，一般选择硬度高的铅笔打底稿，较软的铅笔画草稿。选择自动铅笔绘图时应选择专用的自动铅笔和铅芯，这类铅芯除了硬度不同，也有不同的粗细之分。

彩色铅笔（图2-2）是表现图常用的工具之一，有24色、36色、48色、72色普通型水性和油

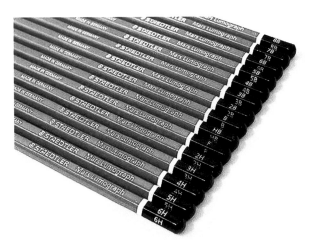

图2-1　铅笔

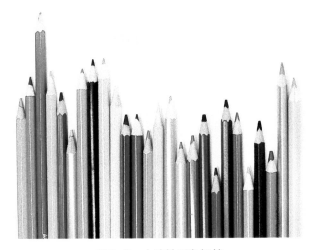

图2-2　水溶性彩色铅笔

性彩色铅笔之分，通常可结合马克笔一起使用。彩色铅笔属粉状颜料，不透明、覆盖力强，可绘制出比较细腻的画面效果。纸张选择空间较大，可粗、可细、可薄、可厚。水溶性彩色铅笔，最好选择相对厚些、吸水性好的纸张。水溶性彩色铅笔溶于水，表现效果图时以水渲染，能表现出水彩画的效果。油性彩色铅笔，一般先用针管笔起稿，在墨线的基础上，用素描排线法，由浅入深地着色，用笔要注意轻、重、缓、急的变化。

针管笔（图2-3）有不同的粗细：0.05mm、0.13mm、0.18mm……0.8mm、1.0mm等。绘图时，应使笔杆垂直于纸面，以避免笔针弯曲变形。一般至少准备三种不同粗细的针管笔，如：0.05mm、0.1mm、0.5mm，以备画出不同粗细的线条。针管笔用完后应及时盖紧笔帽，以免墨水发干，影响出水。

中性笔，也称签字笔（图2-4），是最常见的绘图工具之一，价格相对便宜，使用率很高。但其缺点是，使用时间久了会出现不流畅的问题，容易划纸，弄脏画面。但对于初学者练习线条来说，它还是不错的选择。

钢笔（图2-5）在画速写时经常用到，其特点是线条粗犷、绘图明暗对比强烈、线条粗细变化丰富，但是初学者不易把握。

毛笔既可以绘制大面积的颜色，又可以蘸白颜色修补画稿。但画白色的毛笔一定要和其他毛笔分开使用，用过的毛笔一定要洗干净。

鸭嘴笔，用鸭嘴笔（图2-6）来画墨稿中的

图2-4 签字笔

图2-5 钢笔

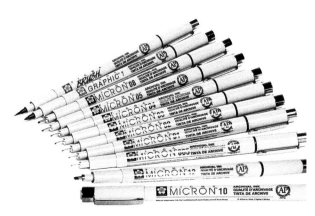
图2-3 针管笔

图2-6 鸭嘴笔

直线，画出的直线边缘整齐，而且粗细一致。在使用时，"鸭嘴笔"不应直接蘸墨水，而应该用蘸水笔或是毛笔蘸上墨汁后，从鸭嘴笔的夹缝处滴入使用，通过调整笔前端的螺丝来确定所画线段的粗细。画直线时，笔杆垂直于纸面，均匀用力横向拉线，速度不要太快，这样才能画出均匀的直线。

蜡笔，这是和颜料最为接近的绘画材料，着色效果很好，但无法画出彩色墨水般的具有透明感的鲜艳色彩。大面积着色时非常方便。但使用过程中会产生粉末，所以在作品保存上必须注意采取保护措施。

马克笔（图2-7）又称麦克笔，一般分为水性、油性和酒精性，是现今设计师手绘着色最常用的工具之一。马克笔的色彩种类较多，通常多达上百种，且色彩的分布按照使用的频度，可以将其分为多个系列。马克笔笔尖一般有粗细多种类型，又有方头和圆头之分，画者可通过笔尖的不同角度画出粗细不同效果的线条。与此同时，其也具有携带方便、着色快速、笔触潇洒大气等特点。

马克笔绘制的效果图色彩亮丽、透明度好。马克笔渲染对作者的观念和被描绘物体的形态塑造、质感表现和色彩传达等信息的表达都有着极高的要求。因此，我们只有从其本身特有的个性入手，才能做到使用时得心应手、挥洒自如。

高光笔，是在美术创作中提高画面局部亮度的好工具。如在描绘水纹时尤为必要，适度地使用高光笔会使水纹生动逼真。除此之外，高光笔还适用于玻璃、塑料、金属、木材、陶瓷等材质刻画。

2.1.2 纸类

造纸术是中国古代"四大发明"之一，随着科技的进步，纸的制造工艺也发生了翻天覆地的变化。市场上纸的品种越来越多，不同的纸张绘制的效果也大不一样，设计师可以根据作图需要选择合适的画纸，以表现不同的设计效果。常用的手绘纸张有复印纸、透写纸、硫酸纸、网点纸、素描纸、速写纸、水彩纸、水粉纸、牛皮纸等。

复印纸虽然是复印机专用纸，但是也适合手绘初学者练习时使用。复印纸的常用型号有A3、A4、B4、B5等，一般以60~80克/平方米，纤维细密的为好。复印纸价格低廉，但不宜长时间保存，其保存一定要防止受潮，最好放在通风和较干燥的地方。

透写纸是一种半透明的纸张，又称为复写纸、过底纸。透写纸放置在图画之上时，就可以透过透写纸看到图画的边际线，将图像描映到透写纸上。

硫酸纸又称转印纸，其纸张呈半透明状，对水和油脂的渗透抵抗强但其透气性差，在印刷过

图2-7　马克笔

程中对油墨的色彩再现和吸附性比较差。因此，应当根据其优缺点和用途来选择是否使用。

网点纸（图2-8）常用来上灰色调或做其他特殊效果使用。网点纸的图案很多，最常用的是"灰网""渐变网"，还有一些"环境网"和"图案网"可配合使用。网点纸的种类分为纸网纸和胶网纸两种。

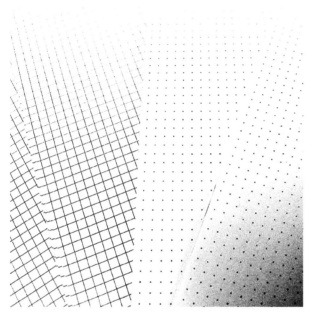

图2-8　纸制网点图纸

素描纸，质地结实、厚重，一面粗糙一面光滑，表面有坑洞，可以留住铅笔的墨迹和炭笔的碳素，适合绘制比较深入细致的效果图，其规格一般有全开、对开、四开、八开，纸张厚度有100克、120克、150克、200克等。

速写纸，主要是用来速写的，可以绘画也可以记笔记。相比较而言，速写纸与素描纸在光滑度、使用上都有所不同，素描纸表面更为粗糙，耐磨损，非常容易着色，有独特的纹理，纸质有一定的硬度，而速写纸表面则比较光滑。速写纸纸张较薄，速写的时候比较流畅，也可以用一般的纸代替，对纸张的要求不高。速写纸没有纸张材质的限制，可大可小、可厚可薄，有长方形也有正方形的，不同的绘制对象所用的纸张大小不一。可用于速写纸的材质有很多，牛皮纸、素描

纸、打印纸等，不同的纸画出来的效果也会有略微的差别。

水彩纸（图2-9）是用于水彩画的纸，它的特性是吸水性比一般纸高，纸张较厚，纸面的纤维也较粗，不易因重复涂抹而破裂、起毛球。水彩纸因价格的不同其特点也不同，便宜的吸水性较差，较贵的纸相对来说吸水性更好且画质色泽保存时间也更长。依纤维区分的话，水彩纸有棉质和麻质两种基本纤维。依表面来区分的话，则有粗面、细面、滑面的区分。依制造区分，又分为手工纸（最为昂贵）和机器制造纸。

图2-9　水彩纸本

水粉纸是一种专门用来画水粉画的纸，纸张能吸水且比较厚。水粉纸的表面有圆形的坑点肌理，圆点凹下去的一面是正面。水粉纸有不同的颜色，以作背景。

牛皮纸（图2-10）通常呈黄褐色，具有很强的拉力，有单光、双光、条纹、无纹等，主要用于包装、信封、纸袋等领域，其质地厚实，

图2-10　牛皮纸

易保存，表现出来的画面古朴、怀旧，富有亲和力。

选择纸张时要根据自己的需要而定。一般纸张质地较结实的绘图纸、水彩、水粉画纸、白卡纸（双面卡、单面卡）、铜版纸和描图纸等均可使用。太薄、太软的纸张不宜使用。市面上有进口的马克笔纸、插画用的冷压纸及热压纸、合成纸、彩色纸板、转印纸、花样转印纸等，都是绘图的理想纸张。

2.1.3 颜料类

1. 水彩

水彩（图2-11）给人的感觉有两种，一种是给人"水"的感觉，非常流畅和透明；另一种是给人"色彩"的感觉，各种不同的色彩，刺激我们的大脑，给我们不同的感受，就像世界是多姿多彩的一样。简单来说，水彩就是水与色彩的融合。

水彩颜料的渗透力强、覆盖力弱，作图过程中画面的倾斜角度不宜过大，否则颜色容易往下流。调和颜色的过程中不宜加入太多种颜色，否则容易使画面色彩污浊。着色的方法一般由浅入深，用水控制颜色的浓度，高光处留白或用遮挡液填涂。常用的技法有干画法、湿画法和干湿结合画法。

干画法是最基本、最主要的方法之一，几乎每张手绘效果图都会不同程度地运用到干画法。人们对干画法有个误区，以为用水少就是干画法，其实正确的方法是色块相加，即在前一色块干透后再加下一遍颜色。它不会像湿画法那样出现很明显的笔触或水渍。

湿画法是最典型的技法，它能够充分发挥水彩的性能，表现出效果图的润泽、色彩的迷离效果。湿画法的基本要领是在色彩未干的状态下进行着色，让色彩相互渗透，形成自然的笔触感。湿画法一般可以分为两种：一种是将水彩纸完全打湿，在湿纸上进行着色，一般着色遍数不宜过多，用色尽量准确，最好一气呵成；另一种是将需要着色的地方先用刷子铺上一层水，然后在水分淋漓的地方快速着色，在着色区域未干前，快速溶入笔触和色彩，要注意的是色彩种类不宜太多，否则容易污浊。

2. 水粉

水粉（图2-12）表现力强，艺术效果好，是表现图常用的表现方法。水粉画兼有水彩的淋漓轻快和油画的厚重，干画、湿画均可。水粉颜料覆盖力好，易修改。一般绘图前，可先用铅笔、针管笔或钢笔起好稿，然后进行着色，一般由深到浅进行着色，尽量少用粉质颜料打底，否则修

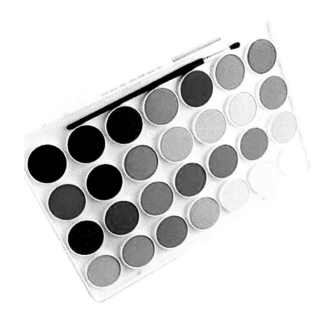

图2-11　24色水彩盘

图2-12　水粉颜料

改时容易底色外翻。暗部用色最好一遍完成，反复涂抹容易使暗部色彩失去透气感。另外，在颜色运用过程中最好少加白色来调整色彩的明度，否则画面容易粉气。绘制效果图时也可结合色粉颜料进行着色，可使画面效果更加丰富。水粉画效果图对纸的要求和水彩画一样，要求纸张有一定的厚度和吸水性。

3．粉彩

粉彩（图2-13）是可以直接使用上色，也可以削成粉状上色的棒状绘画颜料。它不需要水彩笔，也不需要调色盘。就硬度来说，可以分为软粉彩和硬粉彩。硬粉彩几乎都是做成四角棒状，这样可以利用边缘画出很明显的线条。硬水彩和软粉彩这两种都属于水性粉彩，还有属于油性的粉彩，蜡笔就是属于这种粉彩，画出来的感觉比一般粉彩还要有稠重感。

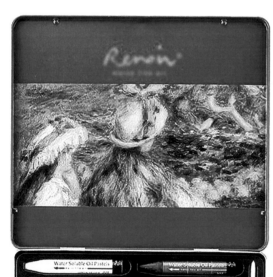

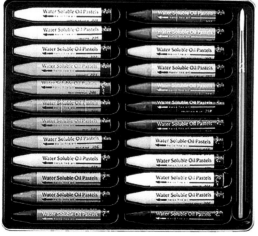

图2-13　24色水溶性油画棒

2.1.4 其他工具

当前艺术思潮的变化趋向自由、舒展、随意，强调个性特色，艺术形式、表现手段、媒介材料等日益趋向多元化。配合各类效果图的技法，其他辅助工具有丁字尺、三角板、曲线板、模板、比例尺、圆规、绘图橡皮、擦线板等。丁字尺可用于画水平线、垂直线、刻度线等。三角板要选择较大的进行作图，利用三角板及其组合，可以画出15°、30°、45°、60°、75°、90°等角度。除曲线板可以画曲线、椭圆、圆等图形外，还可选择模板绘制。比例尺常用的比例为1：100、1：200、1：300等。橡皮应选择专用的绘图橡皮，以避免擦伤纸面。擦线板主要用于限制橡皮擦线的范围，使橡皮仅擦掉板孔内的线条，保护周围不受影响，同时也可使画面干净整洁。

1．平行尺

平行尺是画平行线的工具（图2-14），由可以转动的平行四边形组成，其中有一组对边分别是动尺和静尺。在移动操作时，一只手适力压住静尺，另一只手推动动尺，两尺交替平行移动，直至要求位置。交替移动过程中，要防止静尺移位。利用平行四边形对边互相平行的性质，作图时，静尺放到一条线上不动，动尺可以转动和平移到要作的平行线的位置上，然后固定动尺，就可以画出符合要求的平行线。较平行尺而言，云

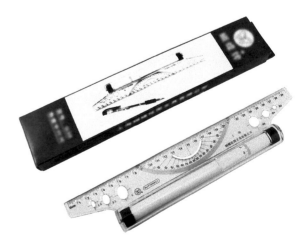

图2-14　平行尺

形尺则是一种在手工绘图中用来绘制任意弧线的制图工具。

2．拷贝台

拷贝台（图2-15）又叫透写台，主要由一个灯箱上面覆盖一块毛玻璃或亚克力板组成。由于网点纸分为纸网和胶网两种，尤其是纸网的透明度较低，所以要用拷贝台来加大网的透明度，以便割网、贴网时能够准确无误。因为使用拷贝台的时候应将多张画稿重叠在一起，这样可以很清楚地看到底层画稿上的图，所以还可以用来将草稿描绘成正稿。

图2-16　笔刀

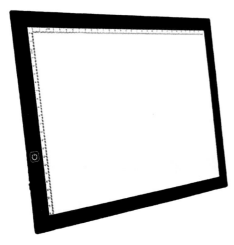

图2-15　拷贝台

图2-17　墨水

3．美工刀、笔刀和压网刀

美工刀一般是割网用的，而笔刀（图2-16）一般用来刮网，因此，熟练地使用笔刀，对漫画制作十分重要。此外，由于网点纸的粘度有限，所以我们还要用到压网刀，将网点纸牢固地粘贴在稿纸上，如果没有压网刀也可以用指甲代替。

4．橡皮

橡皮是用来擦去铅笔线或在网点纸上做特殊效果的。一定要使用不易使纸张起皱起毛的绘图橡皮。

5．墨水

墨水（图2-17）分染料墨水、颜料墨水、热转印墨水。用染料制造的墨水一般是染料溶在水中形成溶液，不易堵塞钢笔。但是它们容易渗入纸内，并可能渗到纸的背部，因此它们在印刷中有一定的技术障碍。这样的墨水一般使用干得非常快的溶液或在印刷时设法加速墨水的干燥。其他的技术有使用比较硬的纸或使用特别的纸。用色素制造的墨水一般掺杂其他物质来防止色素被擦掉。这样的墨水一般不渗入纸内，因此在印刷时使用墨水可以降低印刷的成本。

2.2　线条以及控笔练习

2.2.1　控笔练习

正确的握笔姿势和绘图坐姿，正确的绘图坐姿需要挺直腰板，身体略前倾，不要伏在桌面上，避免胳膊活动受限。手绘表现的握笔及运笔姿势有一定的规律可循，并不是严格规定，可根据个人习惯自行选择，书中介绍仅供参考。食指与拇指轻捏笔杆，离笔尖约3cm，中指的第一指节顶住笔杆，无名指和小指自然弯曲垫在下面，笔杆上部靠在食指根部的关节处，笔杆与纸面保持45°～50°角。执笔时，除拇指外的四个手指一个挨一个自然地叠在一起，不疏松拉开，掌心尽可能虚，即做到"指实、掌虚"。

2.2.2 线条练习

以"玩"的心态画线条，线条是手绘的根；美丽、动人的线条无疑是画面中动人的旋律，是每个初学者必须要练习的；它的虚实、轻重、快慢和曲直会产生不同的效果。手绘者可根据所表现的空间灵活运用。画出美丽、动人的线条并非易事，需要长时间的训练和积累。手绘者要不断地去体会、去调整，大概了解线条的一些规律后，用一种玩的心态去画，不要刻意地追求所谓的"直"，手绘线条没有绝对的"直"，只是感觉比较"直"。衡量线条的好与坏有三个标准：一

是快、二是狠、三是准。前两个比较容易做到，最后一个实现起来比较困难。有些初学者总以为直线一定是尺规作图的那种直线，这是一种错误的认识。手绘的直线应是大体看上去是"直"的，或者给人的感觉是"直"的，一味地追求像尺规作图那样"笔直"是徒手很难做到的。当然，用尺子画线条同样也很难达到灵活、生动的效果。

画线的基本方法：大臂带动小臂，手腕不动，适当地用手去压，运笔要快，根据所表现物体材质的种类及硬度区分线条的虚与实，通过虚实变化达到理想的效果（图2-18～图2-19）。

线条在空间中的运用，手绘是为了表达设计构思。无论是尺规作图还是徒手表现，都要清晰地交代空间结构；不必过于纠结是否徒手，因为不是用了尺子就一定可以把空间、比例、透视画得准确、到位。在勾画空间时，为了更好地表达空间感，可适当地设置一些明暗对比或在物体的底面加些投影。如果空间中物体本身的材质是深色的，那么可以通过黑白对比来增强空间感（图2-20）。

图2-18 线条练习1

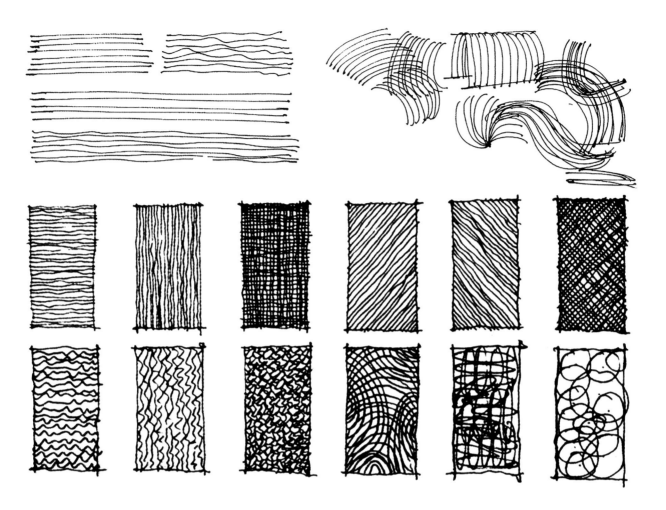

图2-19　线条练习2

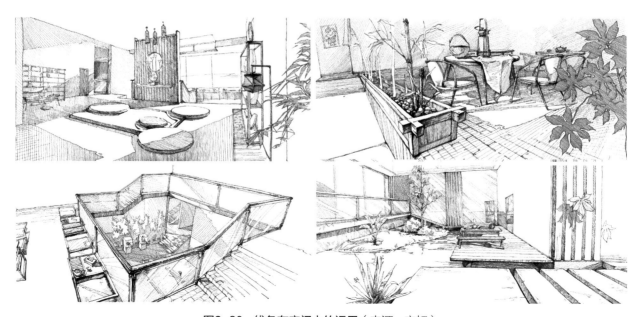

图2-20　线条在空间中的运用（来源：宋韧）

绘制空间时经常遇到带有曲面的物体，较为难画。最好不用弧形尺，尽量一笔画到位。如果弧度比较长，可以分段画，然后一段一段连起来。平时要多练习画弧线（图2-21）。

2.3 透视基础

有关透视的各项基本原理，在相关教材中都有详尽的讲解。我们都知道，掌握透视原理是学习手绘效果图的前提，只有掌握了透视的基本法则，才能在二维平面上绘制出三维效果图。由于透视的实用性，本节主要根据实践要求，对其中常用的原理重新予以编排讲解。透视图的种类很多，主要根据灭点的数量划分为一点透视（平行透视）、两点透视（成角透视）和三点透视（升点透视或降点透视）。透视形成的原理如图2-22所示。透视图中常用的名词详述如下：

图2-21 客厅手绘线稿表达（来源：陈佩隧）

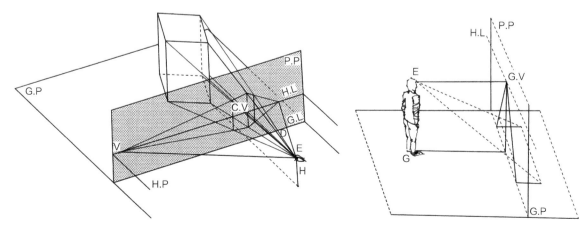

图2-22 透视形成的原理

（1）视点（E）：人眼睛所在的地方，即投影中心。

（2）视平线（H.L）：与人眼等高的一条水平线。

（3）顶点（B.P）：物体的顶端。

（4）站点（G）：观者所站的位置，又称停点。

（5）距点（D）：将视距的长度反映在视平线上中心点的左右两边所得的两个点。

（6）余点（V）：在视平线上，除心点、距点外，其他的点统称余点。

（7）天点（T）：又称升点，视平线上方消失的点。

（8）地点（U）：又称降点，视平线下方消失的点。

（9）灭点（VP）：透视点的消失点。

（10）画面（P.P）：画家或设计师用来表现物体的媒介面，一般垂直于地面、平行于观者。

（11）基面（G.P）：景物的放置地平面。一般指地面。

（12）视高（H）：从视平线到基面的垂直距离。

（13）测点（M）：求透视图中物体尺度的测点。

2.3.1 室内透视基础

1. 一点透视

当物体、空间或建筑的一个主要面平行于画面，其他面垂直于画面，并且只有一个消失点，这个消失点与视平线上的心点重合，这种透视叫作一点透视，也称为"平行透视"（图2-23）。

一点透视适合表现纵深感强、宽广的画面，给人以稳定、庄重、宁静的空间感。一点透视的绘制方法如图2-24、图2-25所示。这是一种比较简单的透视画法，其具体步骤为：第一步，按实际比例确定空间的长宽A、B、C、D及灭点VP，连接VPA、VPB、VPC、VPD并延长，在视平线H.L的延长线上选取一点测点M，然后利用测点M求出室内的进深；第二步，在M点分别向1、2、3、4画线，与Aa相交于1'、2'、3'、4'，即为室内空间的进深；第三步，从1'、2'、3'、4'引垂直线和水平线交于VPC、VPB，然后连接VPC上的交点作水平线交于VPD，最后将VPD上的交点作垂直线于VPB。

2. 两点透视

两点透视有两个消失点V₁和V₂，这两个消失

图2-23　室内一点透视餐厅手绘线稿（来源：李聪聪）

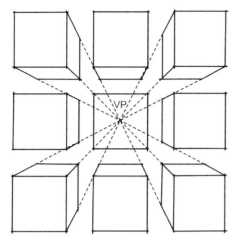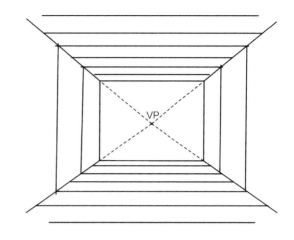

图2-24　一点透视的绘制方法

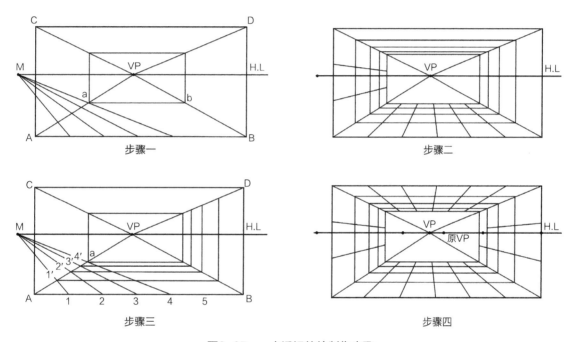

图2-25　一点透视的绘制作步骤

点都位于人的视平线H.L上，向左倾斜的线都消失相交于视平线上V₁这个点，向右倾斜的线都消失相交于视平线上V₂这个点（图2-26）。

两点透视的绘制步骤第一步，按比例定出墙高AB，过B点作水平基线G.L，确定视平线H.L和视高H（约为1.5m）；在视平线上任意定出左右两个消失点V₁和V₂，由V点经过AB画出四条墙角线；第二步，以V₁、V₂为直画圆，在半圆上任意定出视点E点，过视点E点，分别以V₁和V₂为圆心画圆，求出左右两个测点M₁和M₂；第三步，在水平基线G.L上

根据AB尺寸作等分点，由两个测点分别向等分点引直线与墙角线相交于几点，得出进深点，由进深点分别与两个消失点V₁和V₂连接，作出地面的透视线，最后依次作出墙面的垂直线（图2-27）。

当物体、空间或建筑的主要画面都与画面成一定的角度，而且其诸线均分别消失于视平线左右两个灭点上，这种透视叫作两点透视，也称成角透视。这种透视表现出来的空间立体感强，而且能够比较真实地反映空间的立体感，同时表现出来的画面比较自由、活泼（图2-28）。

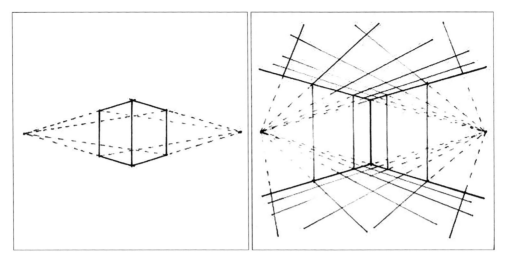

图2-26 两点透视的绘方法

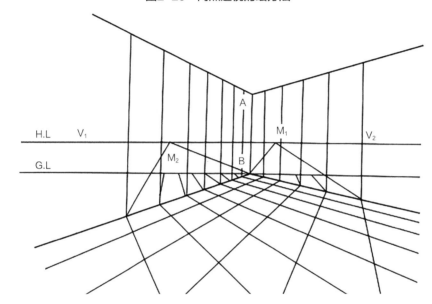

图2-27 两点透视的绘制作步骤

图2-28 书房成角透视线稿（来源：黄成统）

3．一点斜透视

一点斜透视也有两个消失点，一个在纸上，另一个在纸外。一点斜透视是在一点透视和两点透视的基础上产生的，它比一点透视活泼、生动。一点斜透视能够完整地表现空间效果，使画面既清晰、全面，又不失活泼（图2-29）。

2.3.2 景观透视基础

1．一点透视

一点透视或称平行透视，特点简单来说就是：横平竖直、消失于一点（图2-30、图2-31）。

2．两点透视

两点透视或称成角透视，特点就是两个灭点消失于同一条水平线（视平线）上（图2-32、图2-33）。

3．三点透视

当表现对象倾斜于画面，而且没有一条边与画面平行，其三组线均与画面成一定角度，分别消失于三个消失点上，这种透视我们称为三点透视，也称升点透视或降点透视。这种透视表现出来的建筑物高大、雄伟，也常用这种透视方法表现景观设计鸟瞰图和高层建筑效果图（图2-34～图2-36）。

4．不规则透视

在实际的方案设计中，并不是所有的案例都是矩形构图，更多的是由折线、曲线或多种元素穿插构成，此时透视不再是纯粹的一点透视或两点透视。当一点透视、两点透视同时存在时，其灭点均在视平线上。绘制不规则折线元素同理，越往远处线条越接近视平线，某些特殊造型的单体，仅描述轮廓形态即可，不必明确透视关系。由此，我们可以总结出以下三个透视规律：（1）空间中互相平行的线一定消失于同一个灭点；（2）与地面平行的线，一定消失于视平线；（3）曲线、折线等不规则形态应尽量压平，无限趋向视平线（图2-37）。

图2-29　卧室一点斜透视手绘线稿图

图2-30 景观一点透视手绘线稿图（来源：李聪聪）

图2-31 景观一点透视线稿表现图（来源：李聪聪）

图2-32　景观两点透视手绘线稿图（来源：李聪聪）

图2-33　景观两点透视手绘线稿图（来源：李冠润）

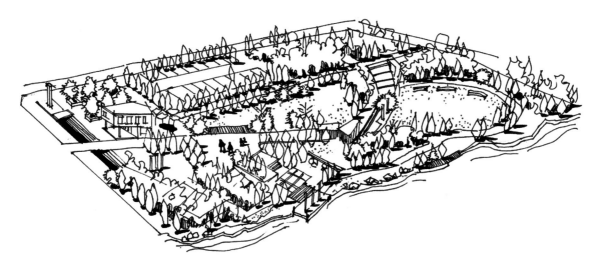

图2-34　鸟瞰图绘制线稿（来源：全成豪）

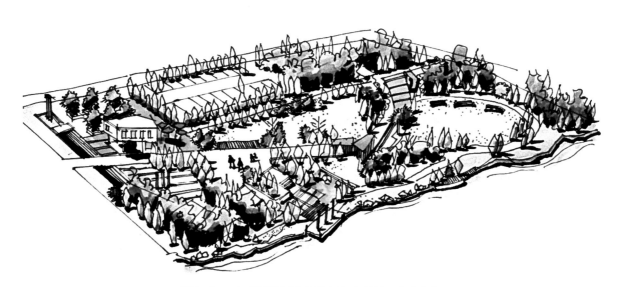

图2-35　鸟瞰图绘制马克笔表达（来源：全成豪）

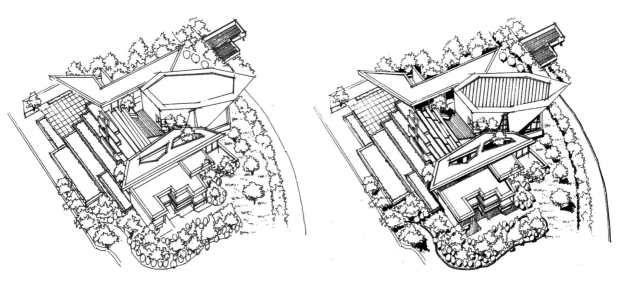

图2-36　建筑景观线稿鸟瞰效果图（来源：杨凯仲）

图2-37　鸟瞰图手绘步骤表达（来源：陈希洋）

2.4　手绘基础训练

与计算机效果图相比，手绘表现图具有较强的艺术感染力，绘图工具便于携带，能随时随地灵活、快捷地记录和表达设计思路，提高工作效率。掌握手绘效果图的表达技能，需要科学合理的训练方法和循序渐进的学习过程。相对于初学者来说，应该从临摹图片开始，然后逐渐过渡到能够灵活自如地进行设计表达，并通过不断训练，提高手绘技法和设计的表达能力。在学习手绘技法的过程中，还要注重手绘表现与设计思维的互动，充分认识手绘的过程不是设计的终结，

而是不断思考和完善设计的过程，进而全方位地理解手绘表现的内涵和重要性。当然要掌握以上要素，都要从基础训练做起。

2.4.1　造型基础

线条是造型艺术的基础，也是手绘的灵魂。掌握线条是画好手绘的根本前提，通过线条可以表现明暗关系，也可以表达画面的远近关系、前后关系，有时候并不需要用颜色的色相或纯度去传达画者的意图。一幅好的手绘可以向观者清晰、明确地传达出作者想要表现或描绘的东西。手绘的线条就是手绘最好的基础（图2-38、图2-39）。

图2-38　景观线条表现图（来源：潘婷）

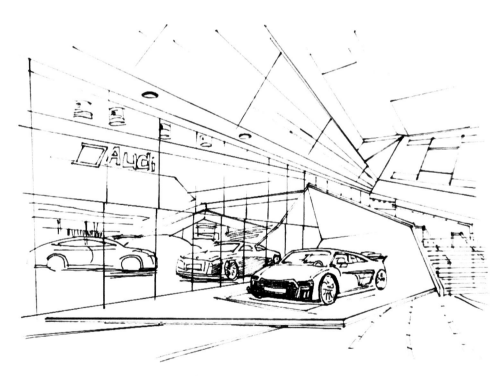

图2-39　车辆展示空间线稿表现（来源：李颖）

2.4.2 色彩基础

通过色彩及设计基础的课题练习，使复杂的、千变万化的色彩变得易于掌握。但是，色彩的科学规律终归是色彩的普遍法则，并不能替代色彩的艺术规律。如果想创造出更为完美的色彩效果，则要将色彩科学的普遍法则结合自己的色彩体验、感受、素养、造诣才能达到（图2-40、图2-41）。

图2-40 马克笔色彩表达图

图2-41 建筑写生色彩表达图（来源：蓝焕怡）

2.4.3 写生基础

写生训练在我国各大艺术院校的教学中都很受重视，无论是纯绘画艺术专业，还是设计专业的学生，都会进行风景写生课程的训练。通过写生训练可以锻炼和提高对物象敏锐的观察力和迅速捕捉形象的能力。由于写生对象的多变性，这就促使画者要提高对形象特征的记忆力和归纳力，只有这样才能再现或复述对象，为以后的设计积累素材。这类素材性的写生在造型艺术的创作过程中起着重要作用。写生训练不仅可以随时记录生活中的原始资料，而且可以记录作者的创作灵感。大家知道，写生训练本身就是一种艺术表现形式。只有坚持不懈地外出写生，"搜尽奇峰打草稿"，这样千变万化、斑斓多彩的自然景象才会为我们的创作提供更广阔的艺术空间（图2-42、图2-43）。

写生阶段可分两种，一是参照一些实景案例的照片进行改绘，二是户外写生。

第一种——实景照片改绘。现在网络和图片分享平台都如此发达，搜索到的案例图片不管是设计，还是构图、色彩质量都不错。相比坐在户外更方便快捷，也更适合静下心来去创作，我更推荐第二种形式。

第二种——户外写生。大学阶段应该都少

图2-42　小区一角景观线稿（来源：黄成统）

图2-43　建筑写生图（来源：刘恒）

不了外出写生的经历，户外写生更多的是对自然景观的描绘（图2-44～图2-48），练习快速概括一个场景的构图并进行景观搭配（比如道路、植物、石头、水体等），色彩搭配（感受光影产生的明暗关系和色彩关系）。

在写生的时候，要按照临摹阶段学会的构图特点和场景的概括手法进行表现。实景照片跟手绘表现出来的虚实关系是不同的，手绘表达的时候要注意区分主次关系，学会概括、省略、留白。这样可以锻炼我们快速地掌握绘制线条和概括场景的能力。在选图改绘的过程中需要注意的是，我们应该利用日常的时间去积累设计灵感和素材，要学会做分类整理，如高差设计、滨水设计、儿童空间、广场设计等，这也是各大高校快题考试中的高频考点（图2-49、图2-50）。

图2-44　村落一角写生图（来源：蔡欣怡）

图2-45 客栈与植物写生图（来源：何明珊）

图2-46 庭院门头写生图（来源：何明珊）

图2-47　怡人村落一角写生图（来源：何明珊）

图2-48　古村落一角与植物写生图（来源：何明珊）

图2-49 景观广场线稿

图2-50 景观线稿效果图（来源：李聪聪）

单元习题与作业

▌理论思考：

（1）思考各种笔在绘制手绘效果图时所表现的不同特点，并体会用笔的要领。

（2）尝试用不同工具进行线条练习，并对不同类型的线条加以训练。

（3）设计表达手绘效果图常用透视有哪几种？绘制透视时应注意的事项是什么？

▌操作课题：

（1）选择一个餐厅，对门面、室内营业空间进行多角度拍照，并尝试利用一点透视和二点透视绘制手绘草图。

（2）对餐厅的桌椅、灯等物体进行拍照，绘制线稿图。

第3章　设计表达的技法

■ 教学目的

了解设计表达技法并掌握不同工具技法表达步骤、特点，如钢笔、针管笔、马克笔、彩铅、水彩等工具的使用技法及综合表现技法。

■ 教学目标

培养学生的专业操作能力，通过了解不同工具技法的表现特征，学会利用合适的工具进行综合性表达。

■ 教学重点

不同工具使用技法的表达特点和技法表达的重要性。

■ 教学难点

不同材料工具的综合表现特征及如何在合适的场景下选择符合自身需要的技法。

■ 建议课时

16课时。

3.1 钢笔、针管笔技法

钢笔类（包括针管笔、中性笔等）是手绘表达中最常用的表现工具之一，其绘制的图稿肯定、清晰、便于保存，因此备受设计师青睐。钢笔类笔尖较硬，颜色主要以单色系为主，黑色居多，可以根据需要选择粗细不同的笔尖进行绘制，这样更易于空间的虚实表现，使画面层次更加丰富。

下面以室内场所为例，说明钢笔类画的技法与步骤。

材料工具：钢笔、针管笔、绘图纸。

技法介绍：由于钢笔、针管笔线条不易修改，初学者在正式作图时可以先用铅笔轻轻地勾画出物体的空间位置、大体概貌，然后用钢笔、针管笔准确进行刻画。

步骤一：铅笔起稿，画好基本的透视关系，对画面整体布局要做到心中有数（图3-1）。

图3-1　绘制空间主要的透视关系

步骤二：绘制画面的整体关系。确定空间中物体的摆放位置和比例关系，用钢笔勾勒出所要表现的主体及空间中的其他物体（图3-2）。

图3-2　绘制空间物体的摆放位置及比例关系

步骤三：深入刻画局部细节。调整好画面中表现对象的前景、中景、远景的层次关系、虚实关系以及明暗关系。与此同时，在刻画时行笔要轻松，还要注意行笔的节奏和线条的开合（图3-3）。

图3-3　深入刻画局部细节，并加强画面关系

步骤四：最后调整画面的整体关系。局部刻画完成之后，最好远观画面，对其进行整体观察，对一些有缺陷的地方进行调整，尽量让画面中局部细节和整体关系进一步协调。同时，也可以适当用马克笔上一些颜色（图3-4）。

图3-4　调整画面关系，可适当增加颜色丰富画面

3.2 马克笔技法

马克笔是手绘效果图表现中最常用的着色工具之一，其品种和色彩种类繁多，笔体轻巧，便于携带。马克笔主要有水性、油性、酒精性三种，有单头和双头之分。同时，马克笔在纸张的选择上也比较随意，不同的纸张在着色后所产生的效果也会有所不同。

在整体效果图表现过程中，关键在于如何掌握好马克笔的性能和技法。在上色性能方面，其上色效果跟水彩类似，即在纸上覆盖一层透明的色彩，但马克笔具有很好的挥发性，不像水彩一样容易让纸张发皱。与此同时，马克笔用笔明快爽朗，但其覆盖力较弱，浅色的笔迹一般难以覆盖深色笔迹。在上色技法方面，马克笔表现的笔触主要有"Z"字形、叠加形和八字形笔触。因此，在绘制的过程中我们应结合马克笔特质，掌握其绘制方法，只有这样才能得心应手。

下面以卧室手绘效果图作品为例，说明其绘画技法与步骤。

材料工具：马克笔、针管笔、绘图纸。

技法介绍：首先在上色前，应先勾画好需要填充颜色的区域边界，然后进行上色。在上色时，需要注意笔触间的排列与秩序，以体现笔触本身的美感，物体颜色不要上得太满，要敢于留白，避免用色的呆板和沉闷。与此同时，在刻画时也需要随着物体结构进行塑造，这样才能充分表现出物体的体量感。

步骤一：绘制线稿，用钢笔或针管笔勾画物体轮廓。在绘制时，初学者可以先用铅笔起稿，然后再用钢笔或针管笔仔细刻画，绘制线稿时要准确地把握好透视和比例关系（图3-5）。

图3-5　绘制空间主要的透视关系

步骤二：整体铺色。着色前，应先考虑好设计图纸的整体位置及区域关系，然后再进行上色，这样可以降低颜色超出区域的可能性。同时，在上色时可以先从画面中色块最大的部分着手，细节的刻画留到后面再处理。在绘制过程中也应保持轻松自然的心态，不必过于拘谨（图3-6）。

图3-6　整体铺色

步骤三：从主体开始，逐渐深入刻画。根据空间物体的色相、明度进行深入刻画，注意画面中颜色不要太满，可以通过留白方法使画面更具有透气感，同时也要把握好色彩间的协调关系以及笔触的排列与秩序（图3-7）。

图3-7　从主体开始逐渐深入刻画

步骤四：调整画面的整体关系。在深入刻画过程中，要控制好整个画面的氛围，塑造好空间的微妙细节，注意画面的虚实关系、主次关系和冷暖关系（图3-8）。

图3-8　调整画面的整体关系

3.3 彩铅技法

彩色铅笔同样也是表现图最常用的工具之一，其线条粗细自由并富有变化、色彩层次丰富而细腻、色彩虚实变化且过渡柔和，常用于画设计草图、平面、立面的彩色示意图和一些初步的设计方案图。彩色铅笔也有一些不足之处，如颜色不紧密，不宜画厚重并且不宜大面积涂色。因此，在绘制时应尽量选择质地粗糙、纹理颗粒较大的纸张（图3-9）。

图3-9　建筑彩铅表现图（来源：王晓晴）

下面以小区景观手绘作品为例，说明其绘画技法与步骤。

材料工具：钢笔或针管笔、彩色铅笔、绘图纸。

技法介绍：彩色铅笔使用方法和普通素描铅笔一样，着色时由浅入深，注意用笔的着色力度、用色搭配及笔触统一。

步骤一：先用铅笔起稿，普通铅笔和彩铅都可以进行起稿（图3-10）。

步骤二：然后用钢笔或针管笔仔细刻画，线稿绘制是基础，也是核心，绘制线稿时要准确地把握好透视和比例关系（图3-11）。

步骤三：在钢笔或针管笔线稿基础上，由浅入深地对物体进行塑造，上色时不要用力过重，避免出现笔芯断裂和画面出现条纹的现象。根据对象的色相、明度深入刻画，注意画面颜色不要太满，画面要留白，使画面有透气感，同时要把握好色彩间的协调与统一（图3-12）。

步骤四：深入调整，通过彩色铅笔将物体空间材料的质感刻画出来，特别要把握画面的虚实变化、主次关系和冷暖对比，达到画面的和谐统一（图3-13）。

图3-10 铅笔起稿，确定空间透视点

图3-11 根据空间整体透视、比例关系，绘制出物体位置及形状

图3-12　深入刻画，注重物体细节表达

图3-13　深入调整，用彩铅丰富画面关系

3.4 水彩技法

水彩颜料介于水粉和透明水色之间，其绘画表现技巧丰富，画面层次分明，具有明快、湿润、水色交融的特点，适用于表现结构变化丰富的空间环境。水彩的表现主要有平涂、叠加、积色、水洗、留白等技法（图3-14）。

材料工具：水彩颜料、水彩笔、水彩纸。

技法介绍：水彩着色顺序和马克笔渲染一样，先浅后深，逐渐加深。调和颜色时，不宜混入种类太多的颜料，以防画面污浊。纸张最好选择质地结实、吸水性强的水彩纸。

步骤一：先画好透视图底稿，然后拷贝到正稿水彩纸上。正稿的透视线描图，要求有准确、严谨的透视关系。由于水彩属于透明性较高的颜料，因而准确生动的透视关系显得格外重要（图3-15）。

步骤二：着色前，应该对画面的空间、明暗、色调等关系做到心中有数。先画出建筑的受光部，注意光线方向，始终保持受光面比暗部亮（图3-16）。

步骤三：水彩颜料本身具有很强的透明性，渲染时的次数不宜过多，最多2~3次。渲染程序是由浅入深。渲染时需要注意的是不能急于求成，必须等前一遍渲染色彩完全干后才能继续上色（图3-17）。

步骤四：深入刻画细节，调整好画面的色彩、空间及主次关系，把握整体协调的效果（图3-18）。

图3-14 水彩上色景观表现图（来源：陈纳）

图3-15 卧室水彩表现绘制步骤一

图3-16 卧室水彩表现绘制步骤二

图3-17 卧室水彩表现绘制步骤三

图3-18 卧室水彩表现绘制步骤四

3.5 数字化手绘技法

这里所说的数字化手绘是SketchBook和Photoshop两个软件相结合的运用，SketchBook软件（图3-19）用来绘制透视线稿，然后运用Photoshop软件中丰富的笔刷完成最后的上色和材质表现[1]。除此之外，还要有一个手绘板或数位屏连接电脑，所有的绘图都在手绘板或数位屏上完成，不同的质感会带来不同的效果。数字化手绘的发展，改变了创作表现形式和欣赏方式，也使艺术设计审美发生了变化。基于一种艺术表现新形态的出现，是手绘的数字新技术语言的魅力。运用数绘板、平板电脑绘制实现了徒手绘画的数字化转移，使绘画呈现丰富的视觉效果，是传统手绘难以快速达到的技术表现，具有较高的审美价值与推广运用价值[2]。

SketchBook软件中有透视导向工具，能帮助绘图者完成一点透视、两点透视和三点透视甚

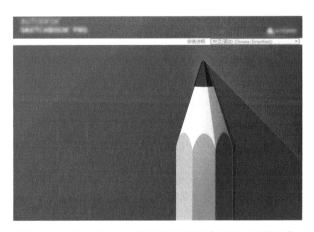

图3-19 SketchBook软件打开界面（来源：严佳丽）

至鱼眼模式的绘制，只要点开相应的工具选项即可，即便是完全不懂透视的初学者也能轻松完成透视图的绘制，大大提高了设计者对透视的理解和绘图效率（图3-20～图3-25）。

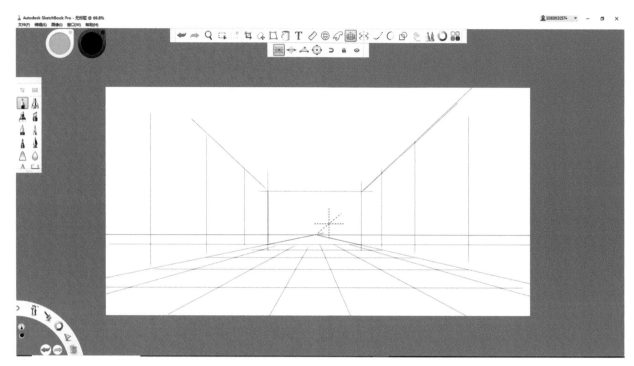

图3-20 数字化手绘图一点透视（来源：严佳丽）

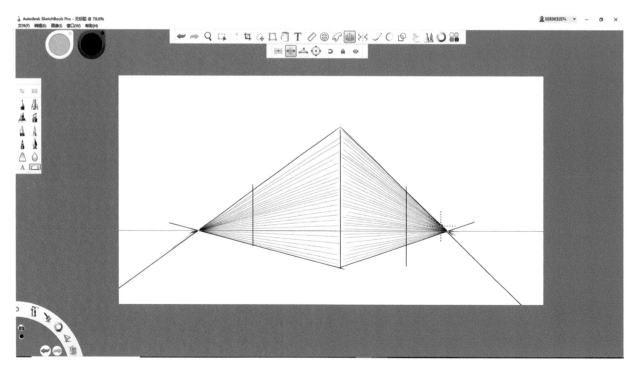

图3-21 数字化手绘图两点透视（来源：严佳丽）

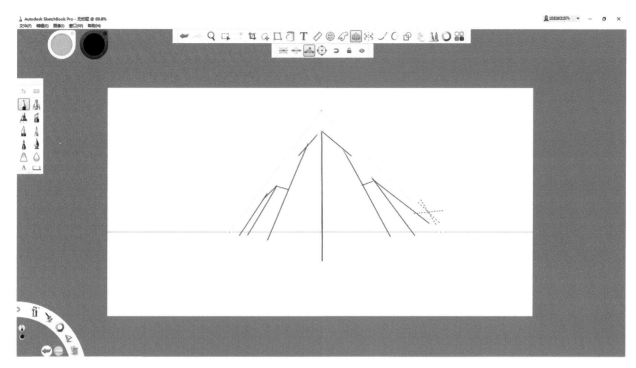

图3-22　数字化手绘图三点透视（来源：严佳丽）

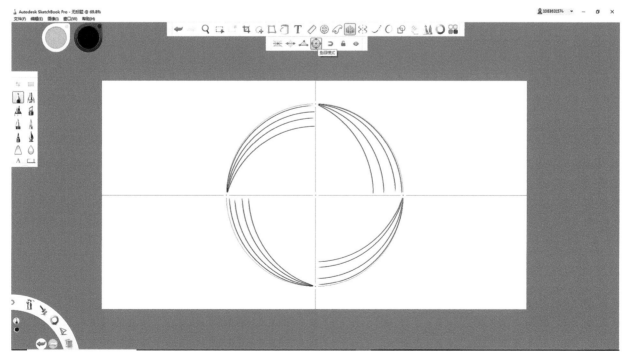

图3-23　数字化手绘图鱼眼透视（来源：严佳丽）

图3-24　数字化手绘图（一点透视）

图3-25　数字化手绘图（两点透视）

Photoshop软件中通过笔刷的应用能够解决质感表现的问题，而且能够表现出传统手绘的表现风格。通过Photoshop笔刷的载入功能，可以将不同材质表现的画笔载入软件。不同笔刷绘制出的形状不同，宽大的笔刷可以用于环境色的绘制，细小的笔刷可以用于局部细节刻画的绘制。表现材质时，通常是色彩和笔刷叠加使用，这样可以完美地表现物体的质感。另外，可以创作自己的纹理笔刷，也可以加入需要的贴图，根据质感调节光源变化，让整个图面更加真实（图3-26~图3-29）。

图3-26　数字化卧室手绘及界面图（一点透视）

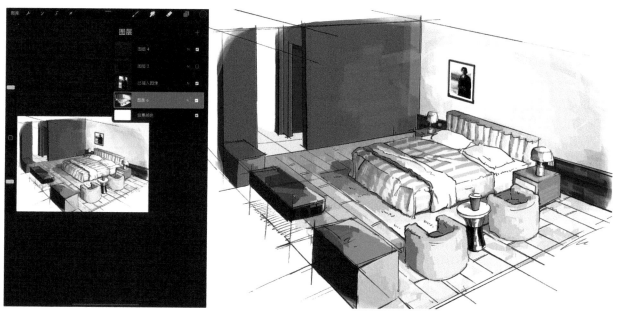

图3-27　数字化卧室手绘及界面图（两点透视）

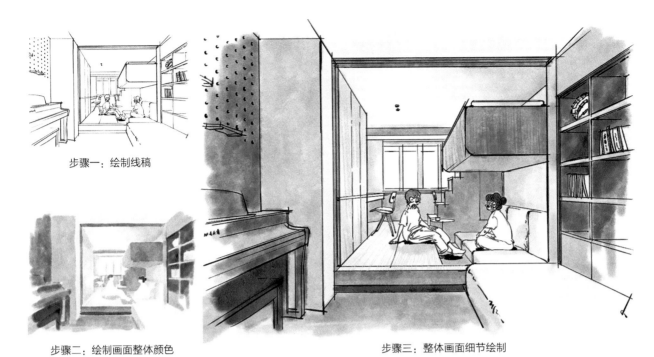

步骤一：绘制线稿

步骤二：绘制画面整体颜色

步骤三：整体画面细节绘制

图3-28　数字化手绘步骤图（一点透视）

步骤一：绘制线稿

步骤二：绘制大色块及背景色

步骤三：绘制画面整体颜色

步骤四：整体画面细节绘制

图3-29　数字化手绘步骤图（两点透视）

传统纸面手绘主要通过练习透视、家具单体、家具组合、空间组合、马克笔笔法、空间上色等组织教学内容，SketchBook电脑手绘技法主要从方案设计流程如空间平面布局、空间节点深化、空间色彩、灯光、材质绘制设计方案（图3-30~图3-37），更容易解决设计过程中的实际问题，更容易表现空间氛围[3]。

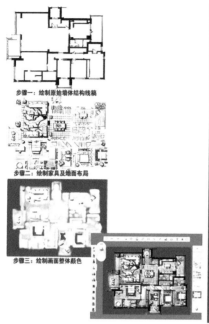
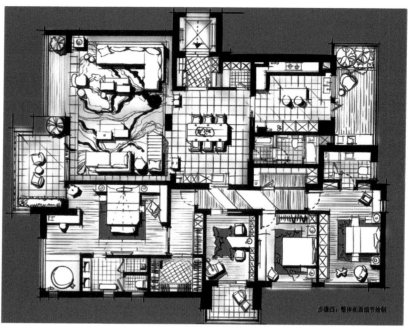

图3-30　空间平面布局数字化手绘图1

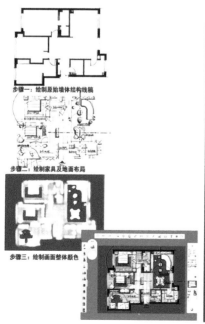

图3-31　空间平面布局数字化手绘图2

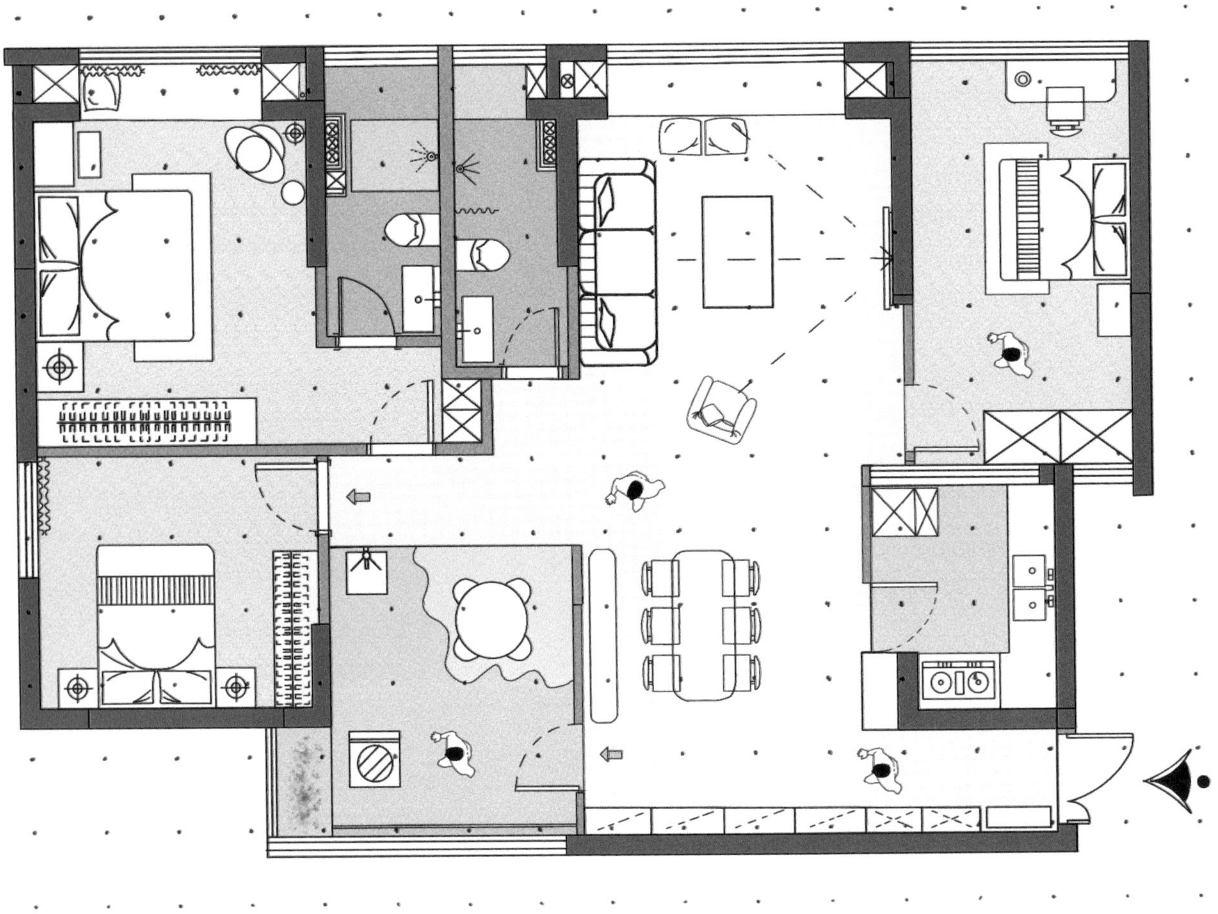

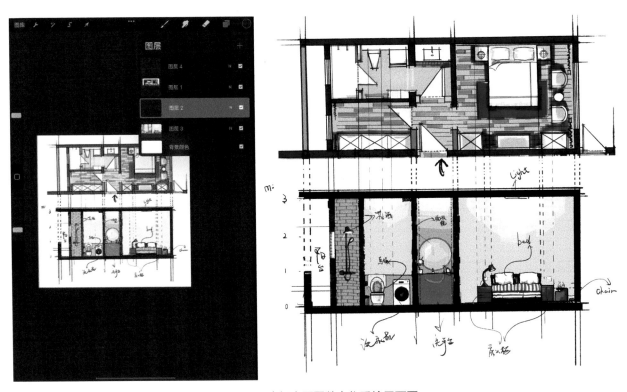

图3-32　空间平面布局数字化手绘图3

图3-33　空间立面图数字化手绘界面图

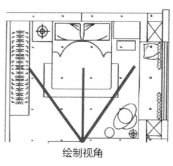

绘制视角

图3-34 空间节点深化数字化手绘图

图3-35 空间色彩数字化手绘图

图3-36　空间灯光数字化手绘图

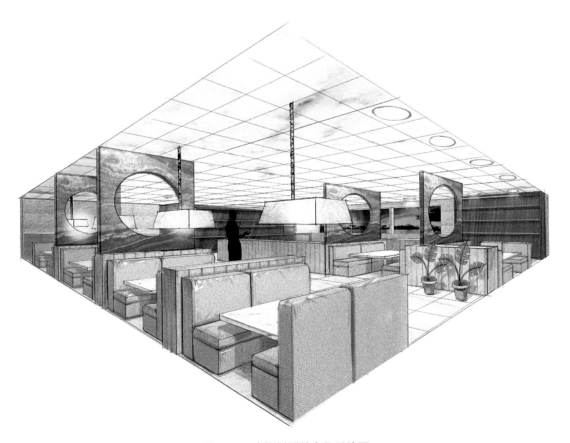

图3-37　空间材质数字化手绘图

单元习题与作业

▌ 理论思考：

（1）绘制设计表达效果图时常用透视有哪几种？绘制透视时应注意的事项是什么？

（2）重点了解马克笔特性，体会上色时颜色的明暗、虚实变化及笔触的过渡。

（3）尝试使用不同工具进行设计表达并总结其特点。

▌ 实训课题：

（1）对上一章所绘制的餐厅手绘线稿图进行深化并尝试用马克笔或其他工具上色，完善画面内容。

（2）对上一章所绘制的餐厅桌椅、灯等物体单品线稿图进行深化，通过技法运用尽可能表达物体质感。

第 **4** 章 设计表达之室内设计

▌ **教学目的**

　　了解室内设计表达内容，如单体、小品、平面图、立面和剖面草图、效果图表达及室内设计表达程序、步骤、方法。

▌ **教学目标**

　　培养学生的专业认知及操作能力，学会运用室内设计相关基础知识，将其设计创意进行可视化表达。

▌ **教学重点**

　　室内设计中单体、小品、平面图、立面和剖面草图的表达方式、技法运用及表达步骤。

▌ **教学难点**

　　室内设计表达程序，步骤（包括设计准备阶段、方案设计阶段、施工图设计阶段及设计实现阶段），方法。

▌ **建议课时**

　　16课时。

4.1 临摹训练

　　《新华汉语词典》中，"临"意为照着原稿写或画；"摹"意为用薄纸蒙在原本上写或者画等。因此，临摹有复制或模仿之意。临摹是初学者快速掌握绘画基本造型与技巧最有效，也是最为便捷的一种方式。对于初学者来说，在临摹过程中，应尽量选择与自己专业题材相似的内容。对于一些基础相对偏弱的同学来说，在最初临摹时不宜选择场面过于复杂、宏大的画面。选择作品时应尽量选择自己喜欢的风格，这对自身风格的建立和技法的熟练掌握均有好处。临摹时，应先从临摹线稿开始，从简单图形到复杂图形进行临摹（图4-1）。

　　临摹主要有两种方式：一种是"拷贝"，另一种是"对临"。

　　"拷贝"就是用一张较薄呈半透明状的熟宣

图4-1　办公空间前台效果图表达（来源：刘加纯）

纸覆盖在临摹品上，然后按原稿的形状进行描画的一种方法，这种方法就像书法练习的"描红"。"拷贝"主要练习的是线条，对造型也有一定的帮助，但这种方法只适用于初学，待掌握了一定的线条工夫和造型能力后就不能继续这种练习了（图4-2）。

"对临"就是将临摹品放置在一旁，用铅笔轻轻地将临摹对象的形象描画到画稿上，然后依据铅笔稿，再用针管笔或钢笔等工具对照临摹品进行复描的一种方法。这种方法相对于"拷贝"有下列优点：（1）可以直接在画稿上勾线而不会被临摹品的形象所影响，对线条运行规律的认识和自由发挥有很大的帮助；（2）有助于对形体结构和线条穿插组织的认识和理解。因此，在具备一定的线条绘制技法和造型能力后，提倡进行对临练习。

图4-2　餐厅空间线稿表达（来源：李冠润）

4.2 单体训练

单体及配景是影响室内空间气氛的主要元素。在室内设计表达过程中，加强单体及配景的练习是一个重要环节，应该反复训练，直至可以记住和表现为止（图4-3、图4-4）。家具作为室内陈设的一部分，在室内空间气氛营造上占有一定的核心地位。一个沙发、一个茶几、一幅字画、一组工艺品、一盏灯饰、室内绿化等都会为空间添彩，甚至成为画面核心。

在室内表现的训练中，家具单体的练习是在对线的绘制掌握了一定程度的基础之上的，是掌握空间手绘技巧的敲门砖。只有在单体家具的训练中，对家具的基本款式、形体尺度有了一定概念之后，才可能将其合理地放置于空间周围，进而完成空间的快速搭建。平时要时刻留心周围的"素材库"，如设计书籍、手绘书籍、设计杂志等。发现好的家具及陈设图片就要把它画下来，久而久之，思维会积累很多家具的形态，并且达到举一反三的效果。因此，观察和积累在练习家具单体的过程中是相当重要的。

4.2.1 椅子和沙发

随着现代技术的快速发展，沙发座椅的材

图4-3 室内装饰品线稿表现

图4-4　小型家具、陶瓷、灯具合集线稿表现

质、造型等逐渐呈现出多样化趋势。在绘制过程中应化繁为简，可在几何形的基础上做切割增减变化，从而达到完成其造型的目的。座椅和沙发是构成室内空间的基本元素之一，在室内空间设计中应根据整体风格来选择与其搭配的家具。因此，我们在绘制整体空间之前，应对沙发单体等分别进行练习，掌握各种风格和形态沙发座椅的画法，然后再逐渐加强难度训练（图4-5、图4-6）。

图4-5　沙发综合表现1

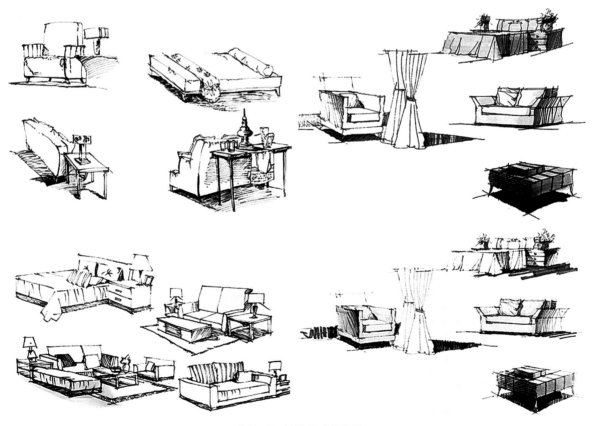

图4-6　沙发综合表现2

4.2.2 灯具

灯具是照明工具的统称，是指能透光、分配和改变光源分布的器具，包括除光源外所有用于固定和保护光源所需的全部零部件，以及与电源连接所必需的线路附件。灯具种类繁多，形态各异，其大致可以分为吊灯、台灯、壁灯、落地灯等（图4-7～图4-10）。

灯具作为室内设计效果图中必不可少的小细节，在绘制过程中可以先从灯罩入手，确定灯具的风格形态；其次，可以用曲线绘制灯座，要注意灯座的对称性；最后，绘制小细节，添加纹理，进行细部刻画并增强明暗关系。

图4-7　不同风格的灯具线稿表现1

图4-8 不同风格的灯具线稿表现2

图4-9 不同风格的灯具上色表现1

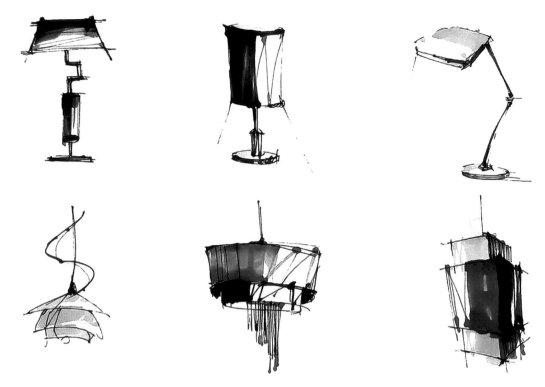

图4-10　不同风格的灯具上色表现2

4.2.3 单体组合

在练习家具单体时，首先要注重透视，从单体开始训练思维对透视的敏感度，等进展到空间训练，透视规律也就能够很容易被掌握。第二要注意对象的物理特征，比如材质是光滑的还是粗糙的，坚硬的还是柔软的，在绘制的时候要有意识地去表现。对坚硬的物体用线会挺直一些，而对柔软的物体用线较为圆滑和飘逸。像沙发靠垫、床垫之类的软饰，线条的抑扬顿挫可以体现其柔软的主观情感。再就是光影关系的处理，画之前先要确定主光源的投射角度，在单体上表现出明确的黑、白、灰关系，突出其主体效果。在室内环境中，物体往往是以单体组合的形式出现。在绘制时应更注重整体透视、空间、尺度前后关系的塑造，不应只停留在一个局部细节上（图4-11～图4-15）。

图4-11　室内装饰品组合线稿

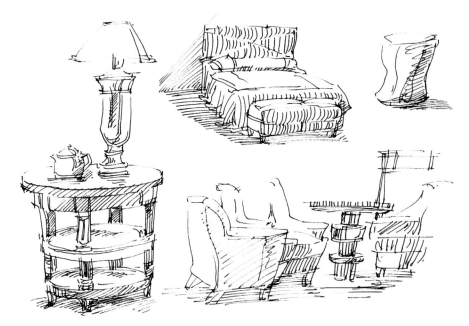

图4-12 室内小型家具组合线稿表现

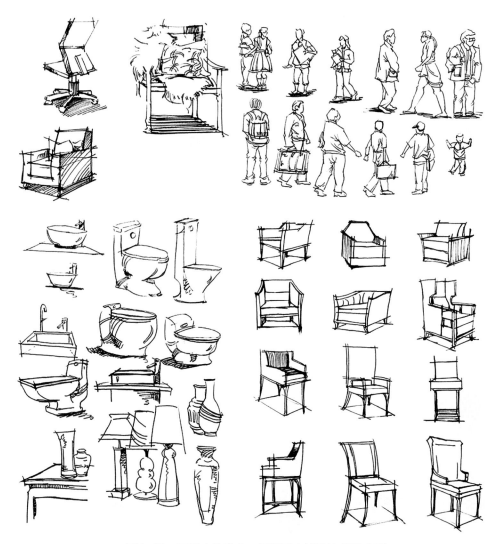

图4-13 不同人物动态、灯具及座椅风格线稿表现

图4-14　小型家具单体线稿表现

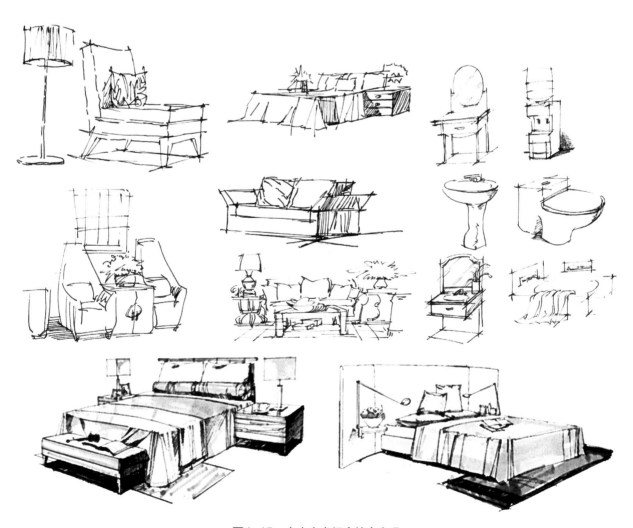

图4-15　室内床桌组合综合表现

4.2.4 室内配景组合表现

室内场景手绘中少不了室内各种陈设的搭配。我们平时要多留心观察室内的各种陈设物品和道具，并用手绘的形式将其记录下来，这对以后的室内场景设计有很大的帮助（图4-16~图4-18）。

图4-16 沙发组合表现1

图4-17 沙发组合表现2

图4-18　沙发组合马克笔表现

4.3 室内设计表达训练

室内设计表达训练是培养设计师动手能力、观察能力、艺术概括能力和空间思维能力及提高其专业素养的理想途径。在设计表达训练中设计草图是设计师自我或与他人之间进行信息交流的图解方式。

室内设计表达包括平面、立面、剖面、空间效果图的表达，是设计者运用笔、纸、颜料等工具，简洁、快速绘制出室内空间效果图的技法，也是设计师经常使用的一种表现方式。常用于绘制室内设计表现图的工具有铅笔、钢笔、针管笔、马克笔、彩色铅笔等，这些工具便于携带，非常适合快速表现着色。

4.3.1 平面草图表达

平面图是建筑施工的基本样图，它是假想用一水平的剖切面沿门窗洞位置将房屋剖切后，对剖切面以下部分所作的水平投影图。它能反映出房屋的平面形状、大小和布置，墙、柱的位置、尺寸和材料，门窗的类型和位置等。设计师在构思过程中可以通过平面草图将设计构想反映出来（图4-19～图4-22）。

在设计表达过程中，平面图上的元素图例（如桌椅、沙发、柜体、门窗等物体元素）应美观简洁，其形状、颜色、线宽及明暗关系都应进行合理安排。与此同时，所表现的元素也应把控其尺度，在刻画时不一定要过于细致，耗费大量精力，应更注重画面的整体效果。

4.3.2 立面剖面草图表达

立面图是设计师进行空间解说、推敲立面材质、尺寸、风格及造型等要素的主要手段之一。在设计阶段中，立面图可以弥补平面图上不当或不易表现之处。在施工阶段中，它能准确反映出设计对象的外貌和立面装修做法。一座建

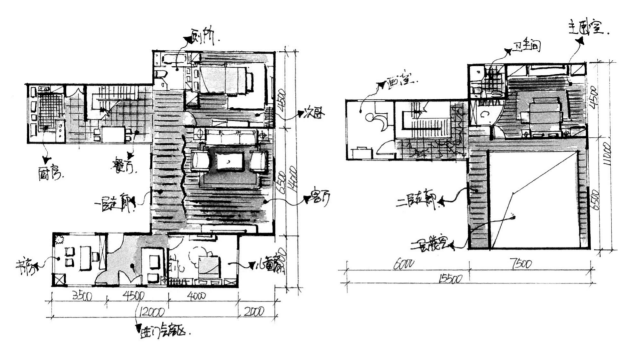

图4-19 室内家装平面草图1

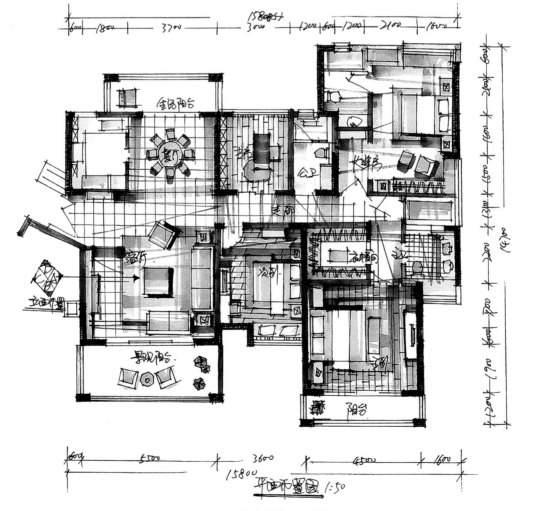

图4-20 室内家装平面草图2

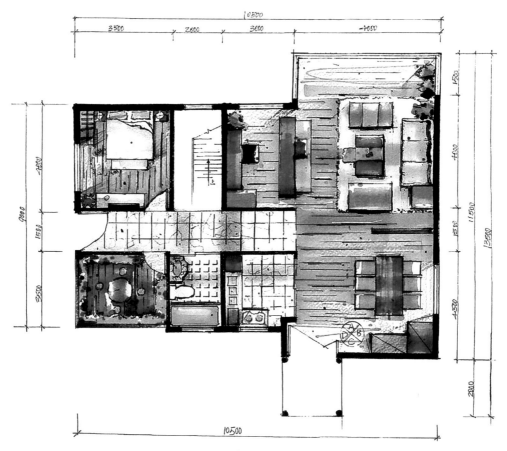

图4-21　室内家装平面草图3

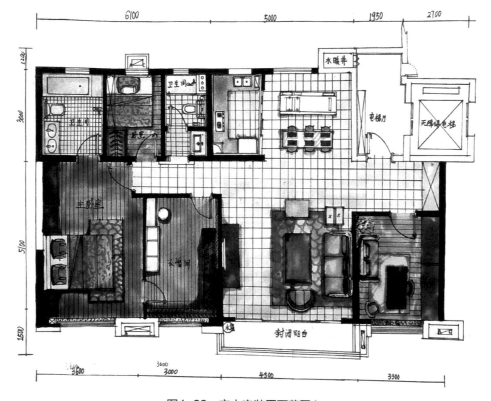

图4-22　室内家装平面草图4

筑物是否美观，很大程度上取决于它在立面上的艺术处理，这些处理包括造型、色彩、材质等。按投影原理，立面图、剖面图上应将立面上所有看得见的细部都表示出来。与此同时，也要将设计对象的构造和做法，另用详图或文字进行说明（图4-23、图4-24）。

4.3.3 效果图表达

室内设计效果图是设计师通过三维效果图将创意构思进行形象化再现的过程。它通过对物体的造型、结构、色彩、质感等诸因素进行表现，再现设计师的创意，使人们更清楚地了解设计的

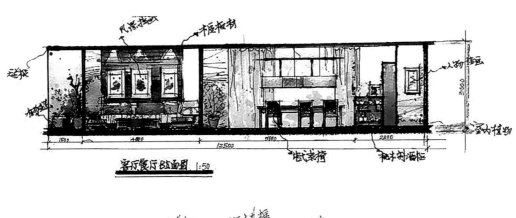

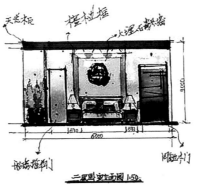

图4-23 室内餐饮空间立面图

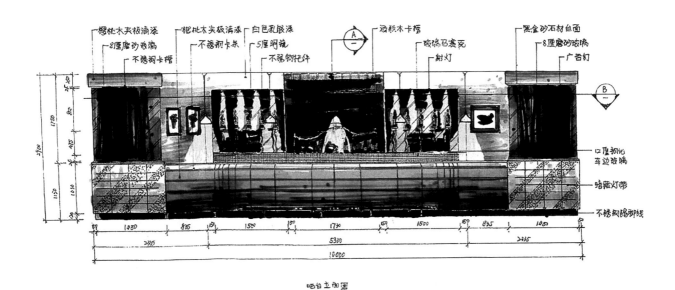

图4-24 室内吧台立面图

各项性能、构造、材料等。运用
马克笔能表现出地板强烈的材质
感和空间感，同时对光线感的表
现也非常到位，画面严谨，但不
失变化，用色自然，色调和谐统
一（图4-25~图4-27）。

图4-25　客餐厅效果图表达
（来源：邓志荣）

图4-26　服装展示空间效果图
（来源：陶嘉明）

图4-27　服装店效果图表达
（来源：段芯蕊）

4.4 室内设计表达之程序

室内空间手绘设计，需要有扎实的造型基础，良好的空间思维能力和想象力，通过不断变化的线条、绚丽的色彩等表现语言，将设计理念准确地传递给对方。[4]室内设计师首先需要充分理解原有建筑设计的意图，对建筑的总体布局、功能分析、人流动向以及结构体系等有深入的了解，然后进入方案设计阶段，在设计过程中应对室内空间和平面布置予以完善、调整或再创造。由于室内空间是三维的，为了更直观地感受三维空间的尺度、比例和空间之间的相互关系，除了通过效果图的方式表达空间，还可通过模型或图解的形式更为直观地探讨室内空间的组织关系（图4-28～图4-30）。

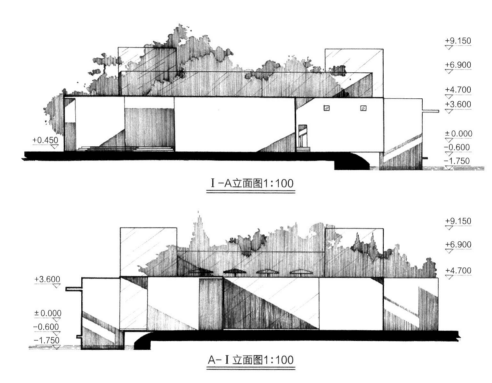

Ⅰ-A立面图1:100

A-Ⅰ立面图1:100

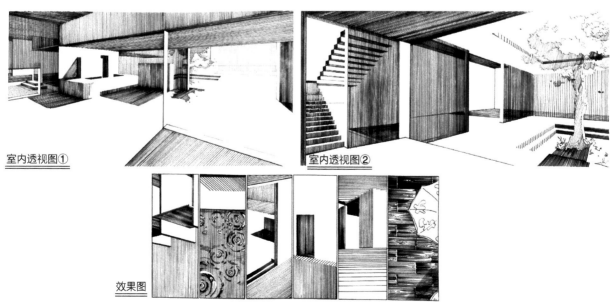

室内透视图①

室内透视图②

效果图

图4-28 建筑立面图表达

图4-29　室内陈设线稿表现

图4-30　建筑展厅线稿表现

4.4.1 室内色彩、材质及光影的表达

色彩是室内设计中最为生动、活跃的元素，不同的色彩搭配具有不同的美学含义。色彩是人们进入空间环境的第一感受，其魅力举足轻重，已经成了人们精神感觉的首要因素。

在室内设计中色彩、材质的表现直接关系到设计意图及画面效果，掌握不同色彩及材质的表现方法是画好室内效果图的必要条件（图4-31）。

4.4.2 室内设计内含物的配置与表达

室内设计内含物的配置是决定空间整体氛围的重要因素之一，其对空间具有极其重要的影响。因此，在室内设计中，其内含物的设计、配置（包含家具、灯具、绿化植物等内容），应使空间、界面的尺度、色彩、造型和风格氛围等整体相协调。只有这样，才能使空间得到更好的体现，给人以更愉悦的体验感（图4-32）。

图4-31　餐厅手绘综合表现
（来源：刘加纯）

图4-32　客厅效果图表达
（来源：刘加纯）

4.4.3 室内设计的快速表达

　　室内设计的快速表达，是在较短的时间内，通过简洁、快速的手段绘制出室内空间表现图的技法，也是设计师经常使用的表现方式之一。它贯穿于设计师的设计过程，为设计师提供形象化的思维过程，同时也是捕捉瞬间灵感的方法。在与业主交流过程中也可以通过快速表现的方法进行沟通，解决设计问题。常用的快速表现技法有彩色铅笔技法、马克笔技法等。使用的工具有彩色铅笔、马克笔、针管笔等，这些工具非常适合快速设计表现与着色（图4-33）。

图4-33　卧室空间马克笔快速表达（来源：黄毅）

4.5 室内设计表达之步骤

　　室内设计作为艺术设计的一部分，其主要以图形语言为表达手段，再融合科学、技术、艺术等多元要素为一体。刚开始设计时，设计师头脑中充满了各种图形、情感、影像的片段，于是设计师用铅笔和草图纸将这些有趣的东西记录下来。渐渐地，这些被捕捉下来的灵感碎片被实际因素，如尺度比例等所限制，变成一种比较具体而清晰的东西，是一种半抽象、半说明性、带有符号化特征的图形，这是概念方案阶段的表述。设计是一个从无到有的转换过程，是设计构思向实际方案转变的一种特殊表现形式。从概念到方案落地，每个环节都有不同的专业内容，纵观整个室内设计流程，可以将其分为四个阶段，即设计准备阶段、方案设计阶段、施工图设计阶段和设计实施阶段。

4.5.1 设计准备阶段

　　设计准备阶段主要是接受委托任务书、签

订合同，或者根据标书要求参加投标；明确设计期限并制定计划进度，考虑有关工种的各种配合与协调；明确设计任务和要求，如室内设计的使用性质、功能特点和设计规模、等级标准、总造价、室内环境氛围、文化内涵或艺术风格等。

4.5.2 方案设计阶段

方案设计阶段以准备阶段为基础，通过进一步收集、分析、运用与设计任务有关的资料与信息进行构思立意，再确定初步设计方案并进行深入设计。在室内设计初步方案中，其主要包括六个方面的内容：平面图、立面图、平顶图或仰视图、室内透视图、材料样板及设计意图说明与造价。

4.5.3 施工图设计阶段

室内设计系统是一个跨度大、历时长、环节多的复杂体系。施工图设计阶段需要补充施工所必要的平面布置、室内立面等图纸，还需要构造节点详图、细部大样图以及设备管线图等，编制施工说明和造价预算等（图4-34～图4-36）。

4.5.4 设计实施阶段

设计实施阶段即工程的施工阶段。在施工前，设计人员应提前向施工单位提交设计意图说明及图纸技术交底书；工程施工期间，需要按图纸要求核对施工实况，有时还需要根据现场实况对图纸局部进行补充（由设计单位出具修补通知书）；施工结束时，由同质检部门和建设单位进行工程验收。

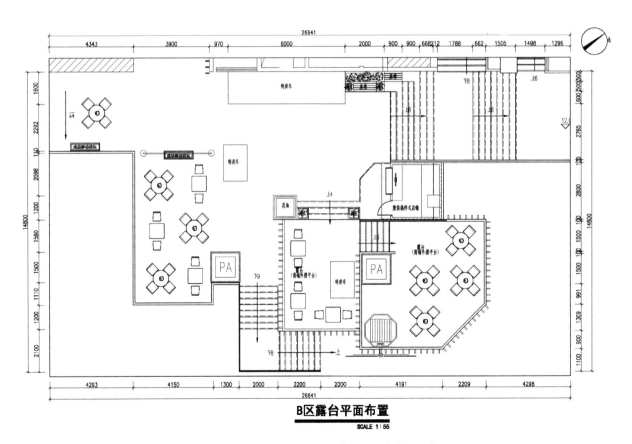

B区露台平面布置

SCALE 1:55

图4-34 商场空间施工平面图（来源：方中设计）

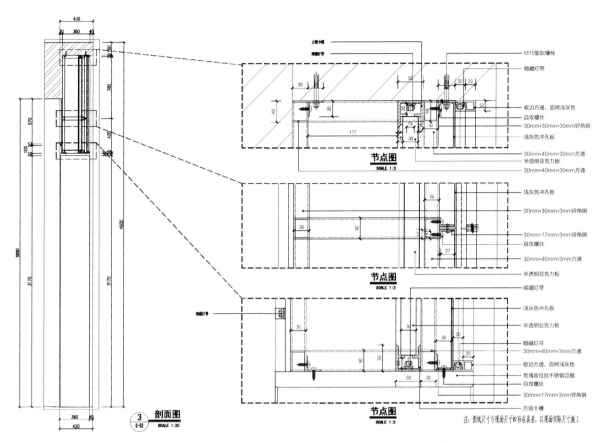

图4-35　商场空间施工大样图和节点图（来源：方中设计）

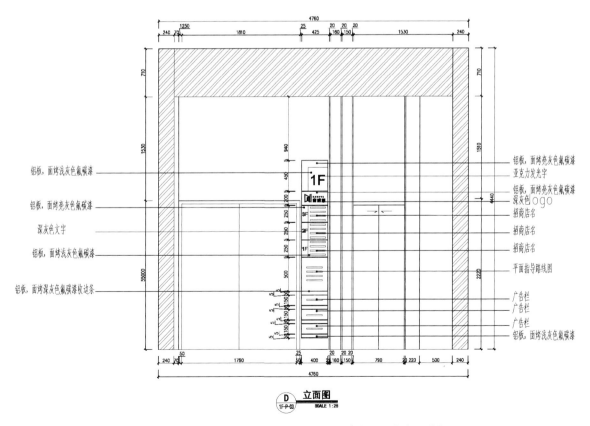

图4-36　商场空间立面图和造型放样图（来源：方中设计）

4.6 室内设计表达之方法

这里着重从设计者的思考方法来分析，主要有以下几点：

4.6.1 功能定位、时空定位、标准定位

在室内环境中，不同性质的使用功能其特点也会有所不同。因此，在设计时应先明确其使用功能性质，是居住还是办公，是娱乐还是商业等，根据不同功能的需要，空间营造出不同的环境氛围（图4-37）。

时空定位即时间与空间的定位，任何事物都处在一定的时空变化中，室内环境也不例外。在设计时，既要考虑室内环境的时代感，也要考虑室内的所处位置，如国内还是国外、南方还是北方、城市还是乡镇。与此同时，也要考虑设计空间周围的环境、地域空间环境和地域文化等。

标准定位是指设计对象的总投入和单方造价标准，这涉及设计对象的规模，各装饰表面的材料品种，设施、设备、家具、灯具、陈设品的档次等（图4-38）。

4.6.2 大处着眼、细处着手、从里到外、从外到里

大处着眼、细处着手、从里到外、从外到里是设计全局观的重要体现。大处着眼、细部着手是指在设计时，应根据设计对象的整体性质进行深入调查，掌握必要的资料和数据，再根据基本的人体尺度、人流动线、活动范围、家具与设备等尺寸及使用它们必须的空间等细部着手。从里到外、从外到里是协调局部与整体统一的关键所在。在空间环境中人与物、人与环境之间有着十分密切的联系。因此，在设计时需要从里到外、从外到里地进行反复推敲，使之更趋于合理（图4-39）。

图4-37 餐厅线稿表达1（来源：李聪聪）

图4-38 餐厅线稿表达2（来源：李聪聪）

图4-39 办公室线稿表现图（来源：余嘉琳）

4.6.3 意在笔先、贵在立意创新

创新是设计的"灵魂"所在，而设计的难度也往往在于一个好构思的体现。在具体设计时"笔先"固然重要，但一个好的构思，往往需要有足够的知识沉淀和思考时间，因此在绘制时可以先构思再动笔或边动笔边构思，使设计方案立意、构思更明确。对于空间设计来说，正确、完整，又极具表现力的设计方案图，能让建设师、评审人员及其他相关人员快速且全面地掌握设计意图，这也是非常重要的（图4-40、图4-41）。

图4-40　室内餐厅线稿表现
（来源：李聪聪）

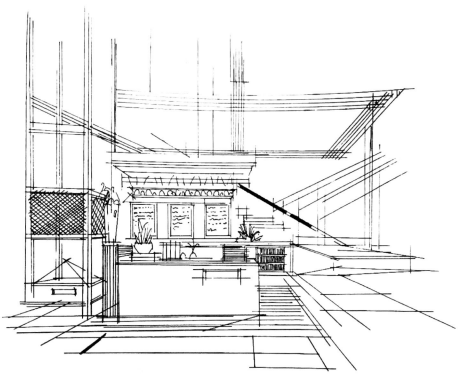

图4-41　室内吧台线稿表现
（来源：周冠华）

单元习题与作业

▌ **理论思考：**

（1）平面图、立面图、剖面图的重要作用及特点具体表现在哪？

（2）室内设计表达程序和步骤具体包括哪几个阶段？

▌ **实训课题：**

课题名称	商业空间中不同商铺图示练习
实训目的	学习室内空间图示表现方法，训练对空间类型的主要特征认识和快速把握空间布局、结构等能力
操作要素	选定五个不同类型商铺，对其进行多角度拍摄并通过走访或其他渠道获取商铺图
操作步骤	步骤1：研究商铺空间使用功能、常用布局类型，绘制商铺平面布局图、剖面图； 步骤2：绘制空间图底关系图、空间动线图示； 步骤3：深化图示并附上100～300字的绘制感受
作业评价标准	1. 平面图绘制是否准确； 2. 空间动线、关系图是否精炼； 3. 绘制是否精细

第 **5** 章　设计表达之景观设计

▌教学目的

了解景观设计表达的内容，如单体、小品、平面图、立面和剖面草图、效果图表达及景观设计表达步骤、方法并进行适当写生训练。

▌教学目标

培养学生的专业操作能力，学会运用景观设计相关基础知识，将其设计创意进行可视化表达。

▌教学重点

景观设计中单体、小品、平面、立面、剖面草图的表达方式、技法运用及表达步骤。

▌教学难点

景观设计表达步骤、方法。

▌建议课时

16课时。

5.1 临摹训练

临摹是初学者学习手绘的第一步，在临摹训练中应对所要临摹的作品进行严格的筛选，选择技法、风格、表现形式等符合自己特点的优秀作品或实景作品。

零基础学习一般可以从线条、透视、构图、单体等方面入手，这些也是构成效果图最基本的元素。在临摹过程中，大家可以从以下几个方面学习：

（1）不同场景的表达手法，如滨水、儿童景观、高差场地等（图5-1）。

（2）不同配景元素的表达手法，如灌木、天空、人物、家具等（图5-2）。

（3）马克笔或其他工具对不同材质及纹理的表现，如水体、玻璃、木材等。

图5-1　小区一隅景观线稿（来源：陈佩隧）

图5-2 小区水景线稿（来源：李聪聪）

（4）不同景观环境的配色比例，如冷色系、暖色系及季相景观。

（5）室外景观构图、透视形式及效果图的视觉冲击力表现（图5-3）。

5.2 单体训练

5.2.1 植物

在进行植物配景训练时，为了更深入地了解植物的生长结构和透视规律。首先，应对植物的生长期、生长结构、不同部位和不同视角进行分解描绘。只有这样才能加深对植物的了解，并便于将其运用到自己的画面中（图5-4～图5-14）。

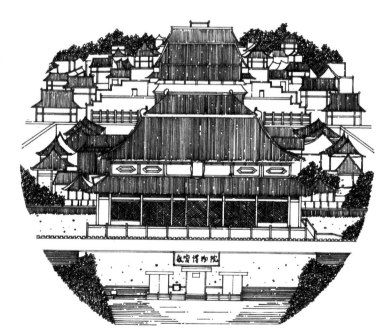

图5-3 故宫博物院精细线稿（来源：李聪聪）

图5-4　景观树木小景线稿表现图

图5-5　景观植物单体图1

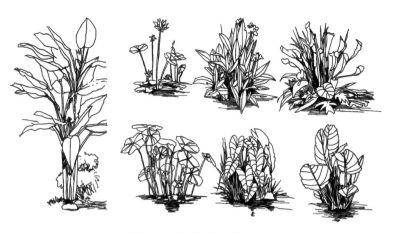

图5-6 景观植物单体图2

图5-7 棕榈类植物线稿表现

图5-8 各类树木小景线稿表现图

图5-9　植物小景线稿表现图

图5-10　植物配景线稿表现图1

图5-11　植物配景线稿表现图2

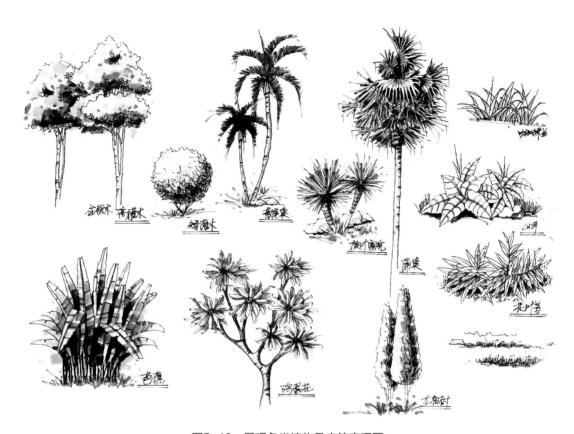

图5-12　景观各类植物马克笔表现图

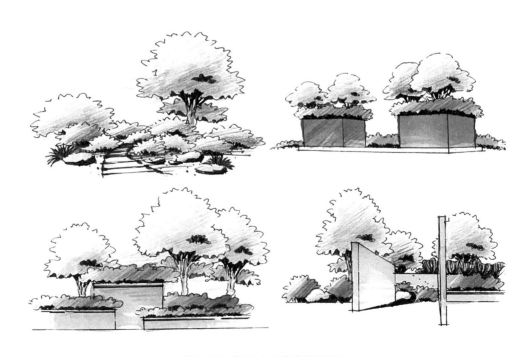

图5-13　树木小景综合表现图1

图5-14 树木小景综合表现图2

5.2.2 景观石

景观石是景观设计中常用的元素，对于景观空间的层次和景观的丰富性具有十分重要的作用（图5-15、图5-16）。

图5-15 景观石头马克笔表现图

图5-16　景观石头线稿表现图

5.2.3 景观人物

配景及景观一角的组合训练对效果图整体气氛的表现具有极其重要的作用。如人物和交通工具的出现可以活跃画面，烘托气氛，起到画龙点睛的作用。与此同时，在表现配景时应特别注意人物、配景与环境之间的比例关系，如人物身长比例一般为8～10个头长，这样人物形象比较修长、秀气（图5-17、图5-18）。

图5-17　景观人物表现图

图5-18　人物速写表现图

5.3 景观配景

　　景观配景是一座城市文化意蕴、精神气质的体现，将其和城市景观设计相融合不仅能为人们提供优美舒适的环境，还能使景观生态、美化等得到进一步强化。在表现地面或路面时，画面应与建筑整体相协调，并注意建筑主次变化，有重点地去刻画画面，从加强画面的空间感和视觉冲击力（图5-19～图5-22）。在景观效果图中，配景的表现也极为重要。如果画面中没有配景，那么画面将缺少生机和活力，甚至有可能直接影响到画面效果。如果配景在画面中表现得不自然，也会影响画面美感。

图5-19　景观池中一角线稿表现图

图5-20　景观配景线稿表现图1

图5-21　景观配景线稿表现图2

图5-22　景观水景马克笔表现图

5.4 景观设计表达训练

在景观设计的表现中，手绘的艺术特点决定了其在设计表达中的重要地位和作用。景观手绘的表现往往带有设计师个人的鲜明特色和气质，是设计师将设计理性与艺术相融合的一种表达方式。而设计师的手绘能力通常是在长时间的实践当中积累而成的。因此，要学好手绘需要不断地进行练习与摸索，寻找好的方法（图5-23）。

与此同时，在景观手绘表达内容上，一般包括四个方面：平面、立面、剖面、效果概念草图。在表达方式上，主要以线为主，通过线的不同形态、排列方式来勾勒画面，然后再进行着色。着色时通常先用钢笔、签字笔、针管笔完成线稿图（初学者可以先用铅笔勾出大体轮廓，然

后用钢笔画线稿），然后用马克笔、彩色铅笔或水彩进行着色处理。通过这种表现形式可以使画面更为生动且具有艺术感染力。

5.4.1 平面草图表达

平面草图表达既要了解景观总平面图中的图例符号，熟悉比例、图名、图例以及有关文字说明标准范例，也要了解建筑性质、用地范围、地形地貌等。在绘制图形时应遵守图例要求，如植物等其他图例应依照其常用图例符号进行绘制；对一些新建筑物应用粗实线绘制水平投影轮廓；原有建筑可用中实线绘制水平投影轮廓等。与此同时，在绘制时也应注意平面的比例尺大小，如总平面区域面积较大，一般用小比例尺，如1:300、1:500或1:1000，尺寸单位应为mm，比例尺常用线段表示（图5-24~图5-29）。

图5-23　景观庭院线稿表现图

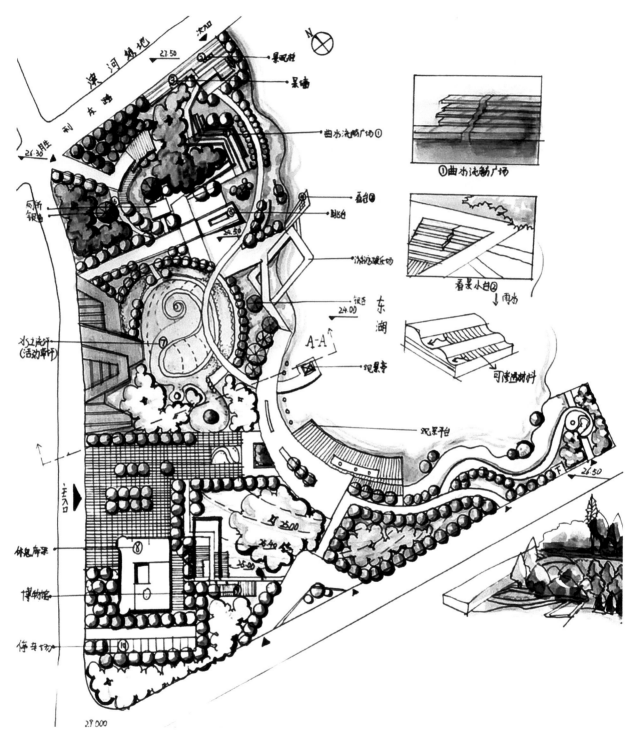

图5-24 滨水景观总平面图

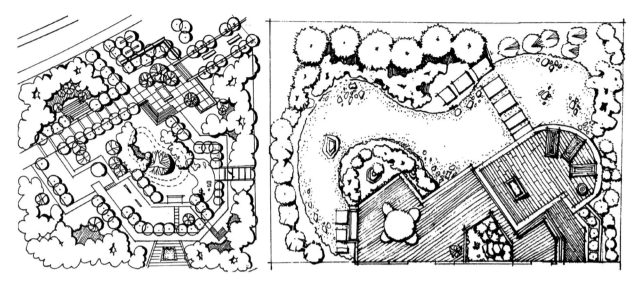

图5-25　广场景观平面图

图5-26　别墅景观平面图

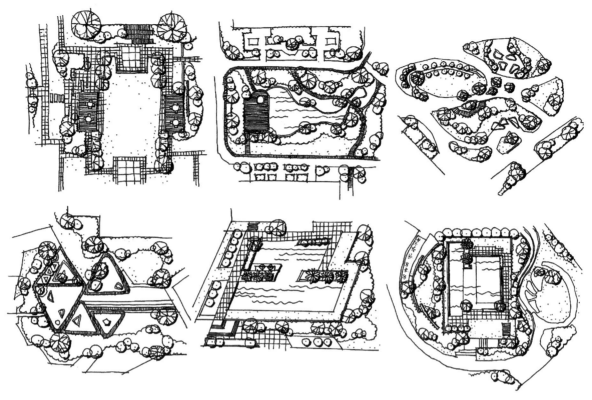

图5-27 景观平面草图表达

图5-28 景观平面图马克笔表达

图5-29 滨水广场平面图

5.4.2 立面图、剖面图草图表达

立面图、剖面图均是建筑物的剖切视图，区别仅仅是剖切面的位置不同，因此图线画法是一致的。在绘制时应注意比例尺的绘制，一般景观的剖立面图比例是1:100，单位常用mm表示；对于一些特殊的剖立面断面节点详图比例常常是：1:50、1:40、1:30、1:20、1:10、1:5的比例。同时，为了区分不同物体以及剖切部分，应用不同粗细的线进行表达（图5-30～图5-34）。

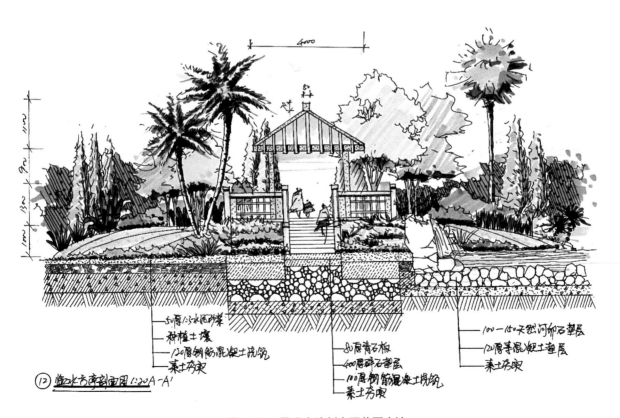

图5-30 景观庭院剖立面草图表达

图5-31　喷泉剖立面草图表达

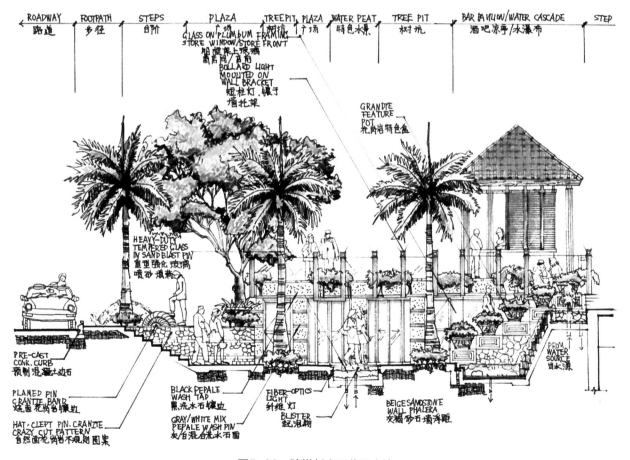

图5-32　阶梯剖立面草图表达

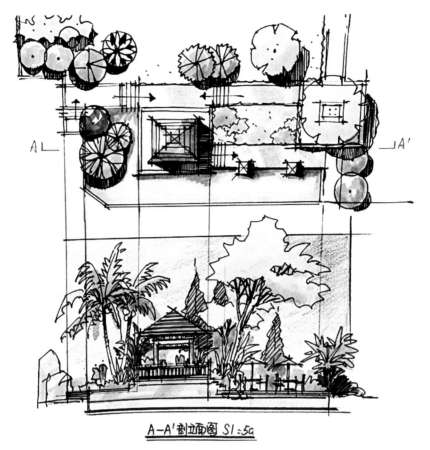

A-A'剖立面图 S1:50

图5-33　滨水庭院剖立面草图表达

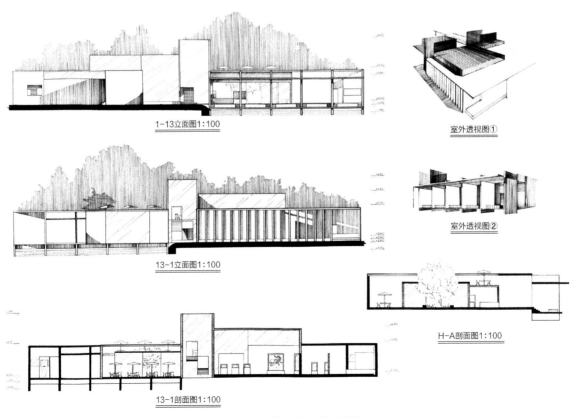

1-13立面图1:100

13-1立面图1:100

13-1剖面图1:100

室外透视图①

室外透视图②

H-A剖面图1:100

图5-34　建筑剖立面草图表达

5.4.3 效果图表达

景观效果图通常可以理解为设计者将设计意图和构思进行形象化再现的形式。在效果图的表达过程中应时刻把握空间、透视、比例、虚实、线条、色彩之间的关系，同时还要控制好画面整体与局部的协调与统一（图5-35～图5-39）。

图5-35　景观线稿效果图（来源：李聪聪）

图5-36　景观廊架植物线稿效果图

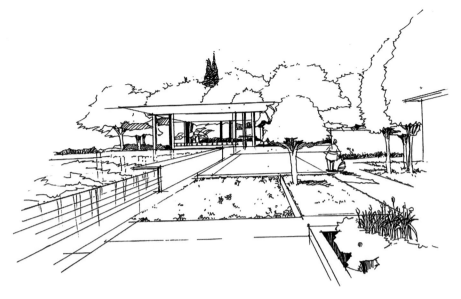

图5-37 景观庭院线稿效果图

图5-38 景观道路线稿效果图

图5-39 景观池线稿效果图

5.5 景观设计表达之步骤

在景观设计表达过程中，同样需要先充分理解设计意图，对设计对象的总体布局、功能分析、人流动向以及结构体系等有深入的了解，同时在设计过程中对设计空间和平面布置予以完善、调整或再创造。设计的过程是一个复杂的创作过程，设计只有巧妙地运用抽象思维和具体形象的交替活动，才能更有效地把握涉及的功能、色彩、材料、审美等设计因素。在设计过程中，快速表现借助感知深入方案从而产生更为完善的设计方案。在设计程序上，景观设计与室内设计的程序步骤基本一致（图5-40～图5-42）。

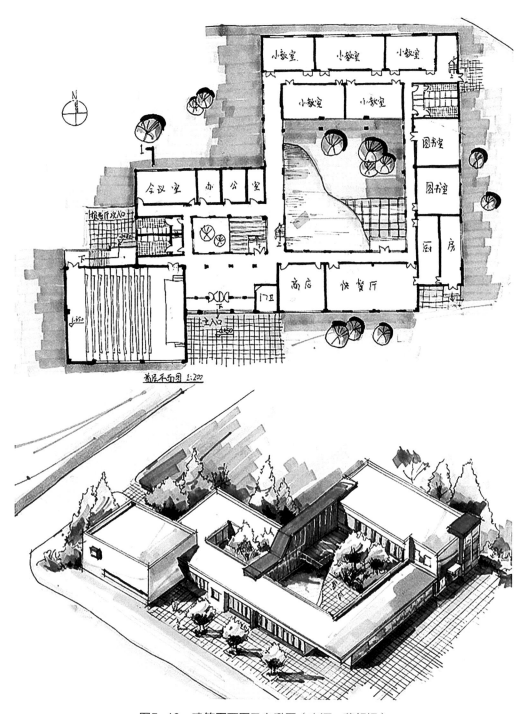

图5-40 建筑平面图及鸟瞰图（来源：蔡舒杨）

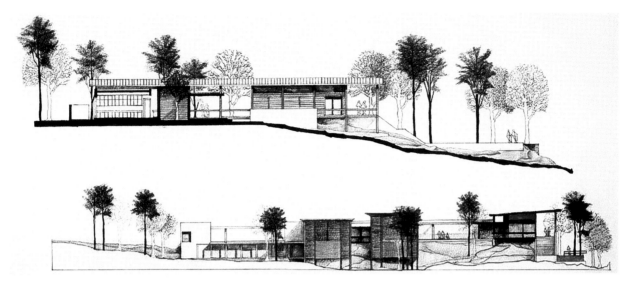

图5-41 建筑立面水彩表现图（来源：陈彩霞）

图5-42 建筑效果图水彩表现（来源：陈彩霞）

5.6 景观设计的快速表达

景观空间的快速表达与设计师的设计思维有一种互动作用，它可以激发设计者的灵感，使设计方案更加合理，在绘制过程中得到不断完善。

景观快速表达与较精致的慢工效果图相比，更具随意和快捷的特点，适用于方案设计时间较短的招标、竞赛等。设计师还可以在现场随机画出初步构思的草图表达，这些都是景观及建筑设计快速表达图的优势（图5-43～图5-45）。

图5-43　建筑快速表达线稿1（来源：严佳丽）

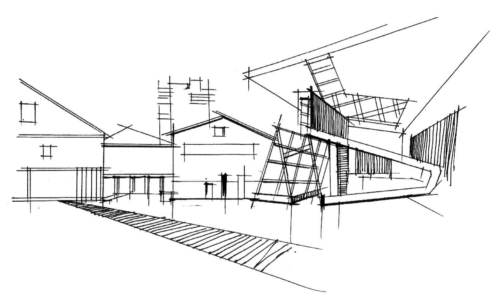

图5-44　建筑快速表达线稿2（来源：严佳丽）

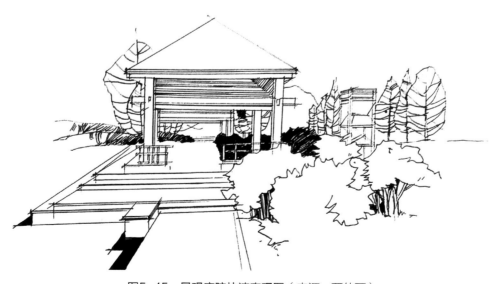

图5-45　景观庭院快速表现图（来源：严佳丽）

5.7 写生训练

写生对手绘技法的提升也具有十分重要的作用。好的写生能让实物更生动、形象。在写生中要注意训练对尺度、比例、透视及各种关系的观察与分析，最重要的就是要把握尺度比例与透视关系。有些称之为经典的建筑物，其中重要的因素就是建筑物的尺度比例关系完美协调。在表现中因观察、分析和表现的不足而失去建筑物原有的美感，这点正是初学者常见的问题。要通过观察局部与整体的比例关系以及建筑与周边环境的关系进行分析归纳，做好超前的思考，再表现画面，养成观察、分析和表现的好习惯。[5]另外，在写生中要注意以下两点的训练。

5.7.1 线型

线型是构成写生的基本要素，正确流畅的线型能表现出画面的生动效果。同时，线型也是一种原始的记录符号，对空间、体积、材质美具有思维的记录。所以，线型在写生中有着至关重要的作用。在写生中，线条是画面的灵魂，线条的疏密、轻重、缓急具有非凡的表现力，线条的灵活性和多样性又使画面产生热情和美感，在训练中要体会如何用线条来表现客观事物（图5-46～图5-48）。

图5-46 山峰写生图（来源：陈希洋）

图5-47 街角写生图（来源：杨凯仲）

图5-48 村落与植物写生图（来源：何明珊）

5.7.2 写生配景

画面上如果只有单独的主体物，必然乏味、单调，任何主体物都必然置身于一个特定的环境中。这种环境中要有人物、植物或有街道及车辆等，这是对写生画面的审美需要。配景在某个特定的环境中，更能突出主体物的特征与尺度，也能平衡画面的构图（图5-49～图5-54）。

任何艺术都具有很强的实践性，写生也是如此。它要在大量的训练中解决问题，不是短时间就能理解领悟的。只有在不懈的实践努力中才能一步步地加深理解和领悟，提高整体的观察能力以及画面的把握能力，真正明白如何根据不同的物象和画面表现的需要进行取舍、概括和提炼。

总之，只有在不懈地实践训练中，才能提高自己的绘画技巧和表现手段，达到用心作画、以情作画的境界（图5-55～图5-61）。

图5-49　小桥流水人家写生图（来源：陈希洋）

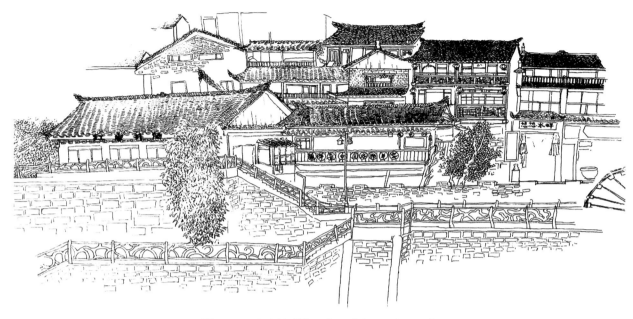

图5-50 古建筑群落写生图（来源：刘霜阳）

图5-51 古村落写生图（来源：陈希洋）

图5-52 凤凰古城街区写生图（来源：杨凯仲）

图5-53 村落写生图（来源：林瑞钊）

图5-54　沿溪村落写生图（来源：刘霜阳）

图5-55　在村庄一角写写画画（来源：刘霜阳）

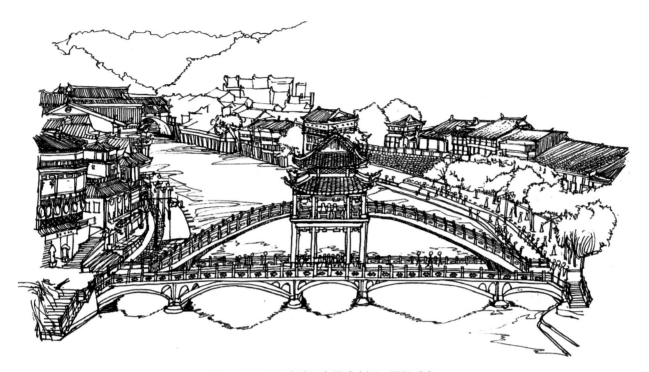

图5-56 凤凰古城写生图（来源：罗扬成）

图5-57 傍水而居古城写生图（来源：罗扬成）

图5-58　古楼写生别开生面（来源：彭倩愉）

图5-59　张家界山峰巍峨高绝（来源：彭倩愉）

图5-60 凤凰古城小桥流水写生图（来源：彭倩愉）

图5-61 张家界山峦重叠（来源：全成豪）

单元习题与作业

▌ **理论思考：**

（1）景观手绘设计表达与室内手绘设计表达步骤是否相同？为什么？

（2）尝试使用不同工具进行景观手绘效果图表现。

▌ **实训课题：**

课题名称	公园景观图示练习
实训目的	通过相关理论知识，了解不同景观类型的主要特征、快速把握景观布局、结构等能力
操作要素	选定五个不同类型公园景观，对其进行多角度拍摄并通过走访或其他渠道获取景观图
操作步骤	步骤1：研究不同公园景观布局，找到异同处并绘制公园景观平面布局图、剖面图； 步骤2：绘制景观图底关系图、动线图示； 步骤3：深化图示并附上100～300字绘制感受
作业评价标准	1. 平面图绘制是否准确； 2. 动线、关系图是否精炼； 3. 绘制是否精细

第6章　作品赏析

■ **教学目的**

了解室内设计、景观设计优秀手绘效果图表现并总结作品所具备的相同特征。

■ **教学目标**

培养学生的专业认知能力，学会通过观察，将其优秀作品所具备的特点转化为自我知识。

■ **教学重点**

室内设计、景观设计优秀手绘作品赏析。

■ **建议课时**

8课时。

6.1　室内设计

6.1.1　室内设计线稿及马克笔上色分解图（图6-1～图6-6）

图6-1　客餐厅线稿表达图（来源：邹晓盈）

图6-2　客餐厅马克笔表达图（来源：邹晓盈）

图6-3　客厅休闲空间线稿（来源：杨凯仲）

图6-4　客厅休闲空间马克笔表达（来源：杨凯仲）

步骤一

步骤二

步骤三

步骤四

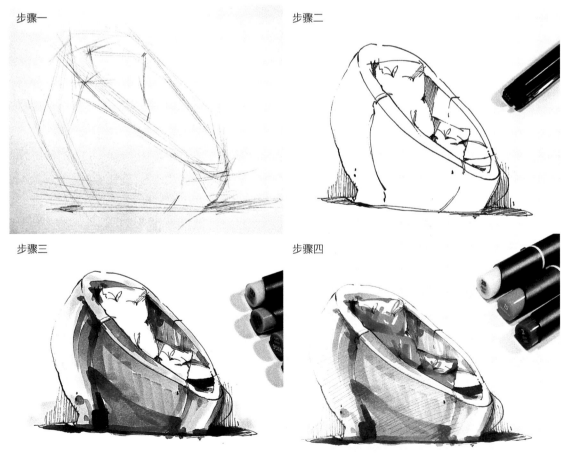

图6-5　单体沙发马克笔上色步骤图1（来源：穆雨彤）

步骤一

步骤二

步骤三

步骤四

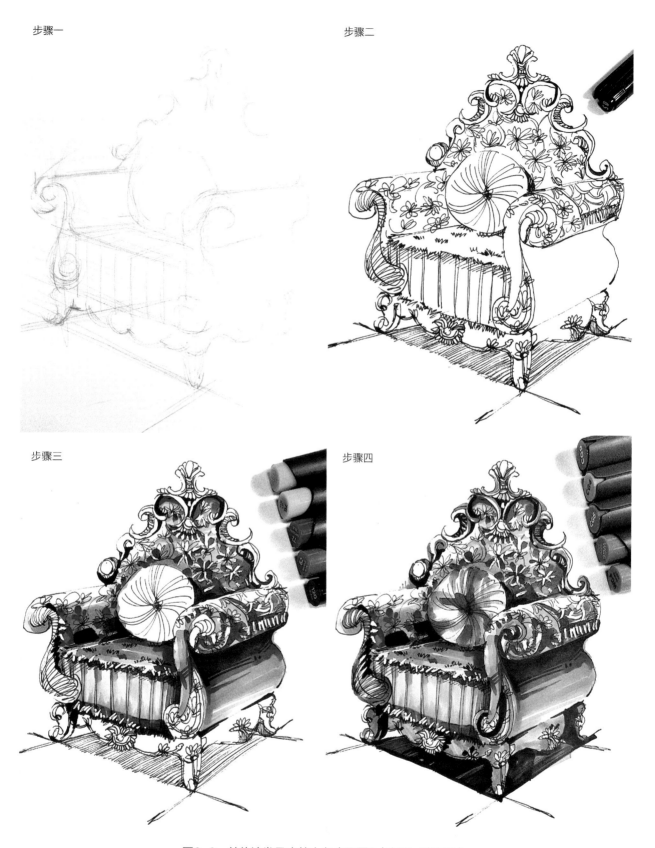

图6-6　单体沙发马克笔上色步骤图2（来源：穆雨彤）

6.1.2 室内设计马克笔表达作品赏析

1. 餐厅作品赏析（图6-7～图6-10）

图6-7　餐厅空间马克笔表达1（来源：李聪聪）

图6-8　餐厅空间马克笔表达2（来源：黄冠洲）

图6-9　餐厅空间马克笔表达图3（来源：李聪聪）

图6-10　餐厅空间马克笔表达图4

2. 客厅作品赏析（图6-11~图6-12）

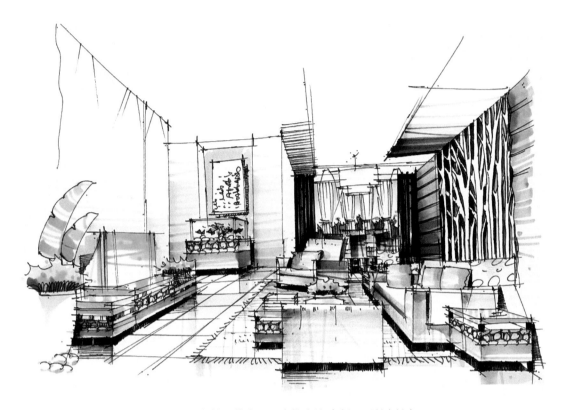

图6-11　自然风格客厅马克笔表达（来源：谢奇桂）

图6-12　现代风格客厅马克笔表达

3. 卧室作品赏析（图6-13~图6-14）

图6-13　卧室空间马克笔表达

图6-14　卧室马克笔表达（来源：陈钊）

4. 公共空间作品赏析（图6-15～图6-18）

图6-15　公共休息空间马克笔表达图1（来源：张嘉良）

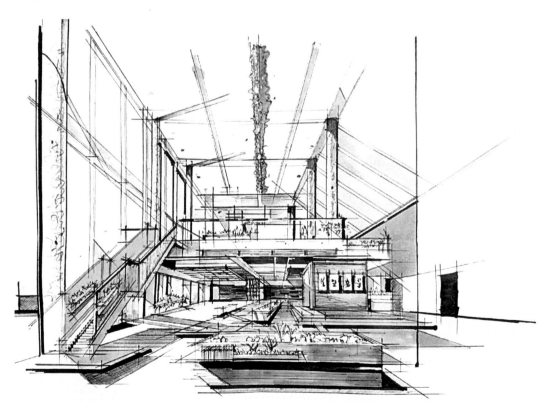

图6-16　公共休息空间马克笔表达图2（来源：卓越手绘）

图6-17　公共休息空间马克笔表达图3（来源：单芊）

图6-18　公共休息空间马克笔表达图4（来源：单芊）

6.1.3 快题设计作品赏析（图6-19~图6-25）

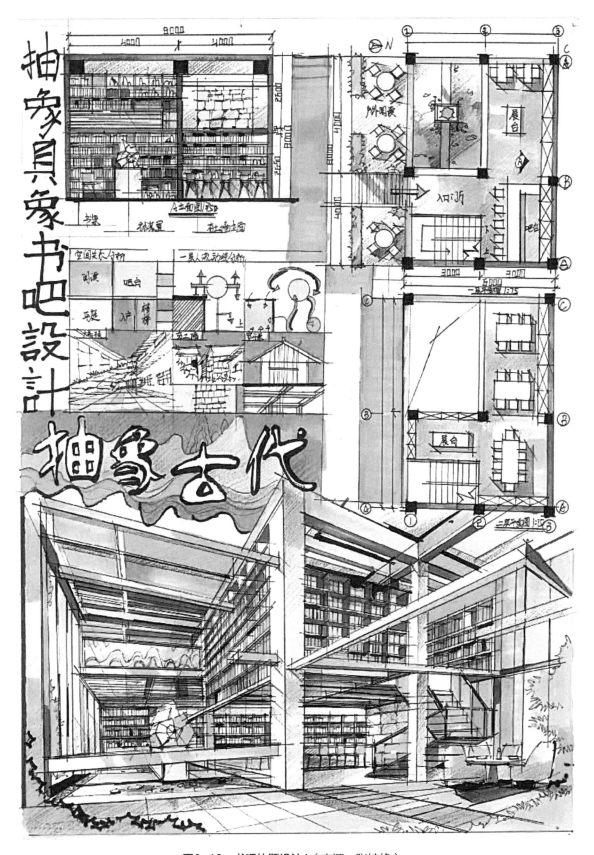

图6-19 书吧快题设计1（来源：张姣艳）

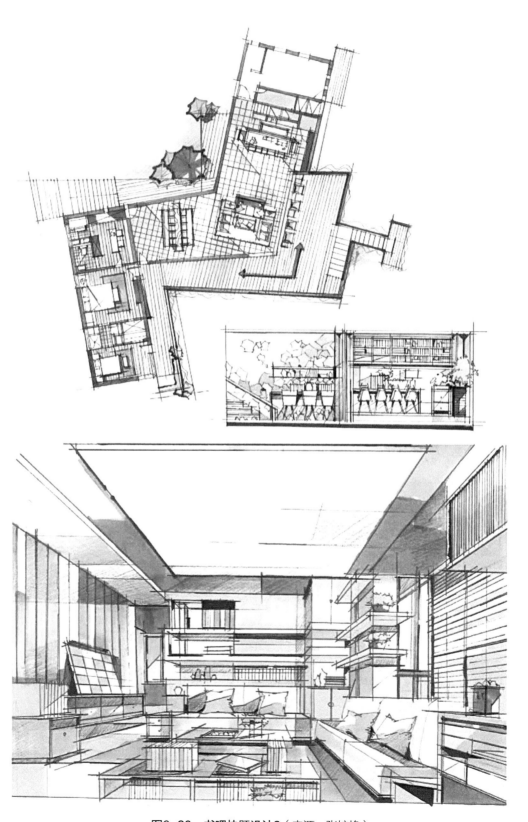

图6-20　书吧快题设计2（来源：张姣艳）

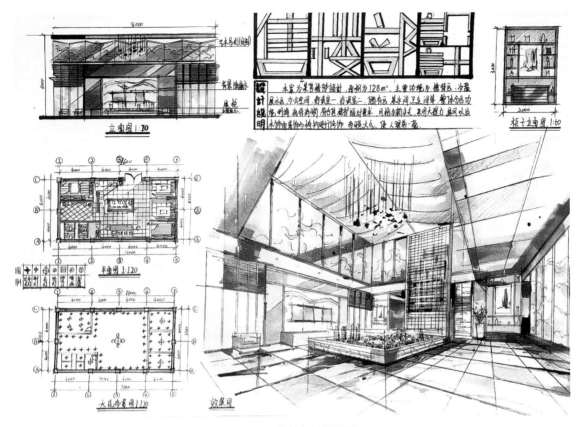

图6-21 售楼部快题设计

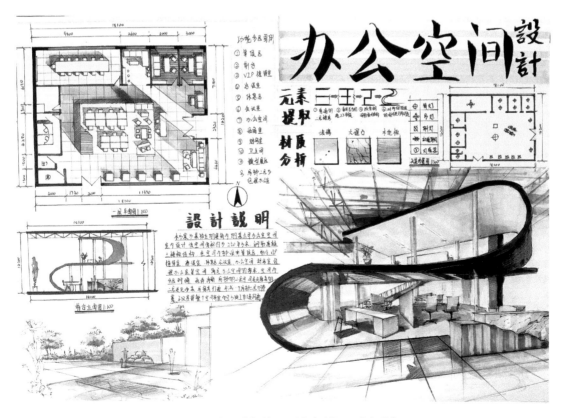

图6-22 办公空间快题设计（来源：成京璐）

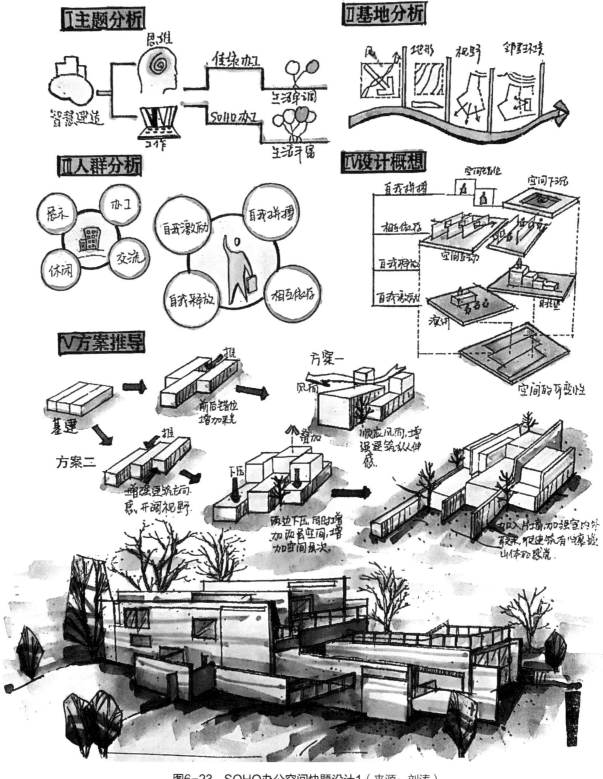

图6-23　SOHO办公空间快题设计1（来源：刘涛）

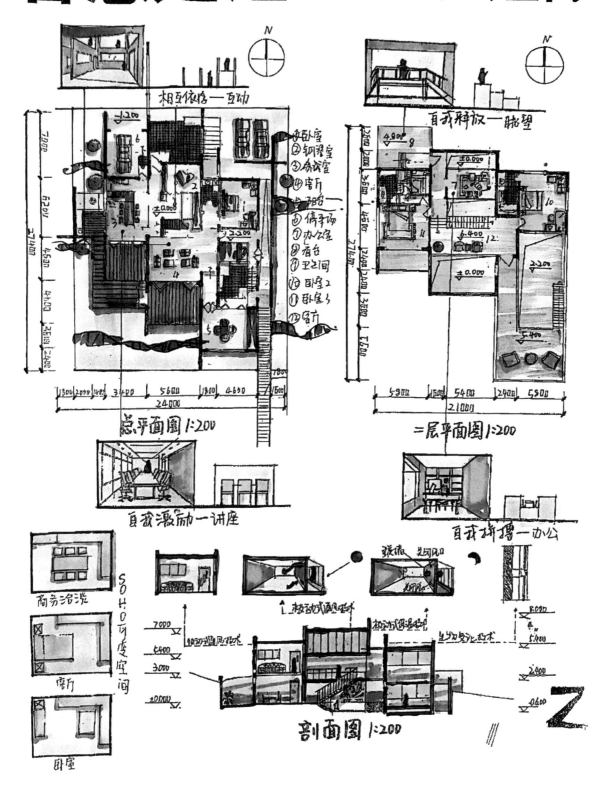

图6-24　SOHO办公空间快题设计2（来源：刘涛）

图6-25　SOHO办公空间快题设计3（来源：刘涛）

6.2 景观设计

6.2.1 建筑景观设计线稿及上色分解图（图6-26～图6-53）

图6-26　景观廊架效果图线稿（来源：蒙晓琳）

图6-27　景观廊架效果图马克笔表达（来源：蒙晓琳）

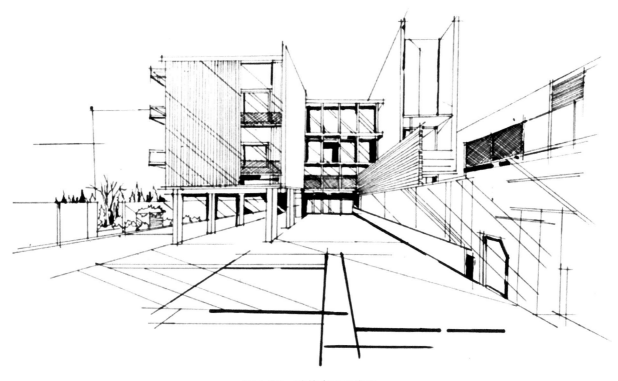

图6-28　建筑表现图线稿

图6-29　建筑表现图马克笔表现

图6-30 建筑效果图线稿（来源：严佳丽）

图6-31 建筑效果图线稿马克笔表达（来源：严佳丽）

图6-32　景观一角线稿表达

图6-33　景观一角马克笔上色表现图

图6-34　景观栈道线稿表达

图6-35　景观栈道马克笔表达

图6-36　景观线稿表达（来源：邹晓盈）

图6-37　景观马克笔表达（来源：邹晓盈）

图6-38 水景线稿表达（来源：谢小妹）

图6-39 水景马克笔表达（来源：谢小妹）

图6-40　建筑效果图线稿表达

图6-41　建筑效果图马克笔表达

图6-42　休闲广场线稿表达（来源：邹晓盈）

图6-43　休闲广场马克笔表达（来源：邹晓盈）

图6-44　景观休息区一角手绘线稿（来源：余嘉琳）

图6-45　景观休息区一角马克笔表达（来源：余嘉琳）

图6-46 古建精细线稿（来源：肖紫惠）

图6-47 古建精细彩铅表达（来源：肖紫惠）

图6-48　水景一角线稿（来源：麦克手绘）

图6-49　水景一角马克笔表达（来源：麦克手绘）

图6-50 建筑景观表现图1（来源：单芊）

图6-51 建筑景观表现图2（来源：单芊）

图6-52 建筑景观表现图3（来源：单芊）

图6-53　建筑景观表现图4（来源：单芊）

6.2.2 景观鸟瞰图设计线稿及上色分解图（图6-54~图6-62）

图6-54　景观规划鸟瞰图线稿（来源：刘霜阳）

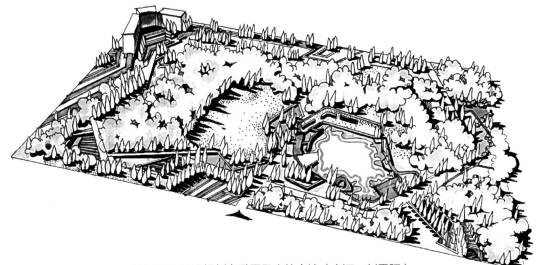

图6-55　景观规划鸟瞰图马克笔表达（来源：刘霜阳）

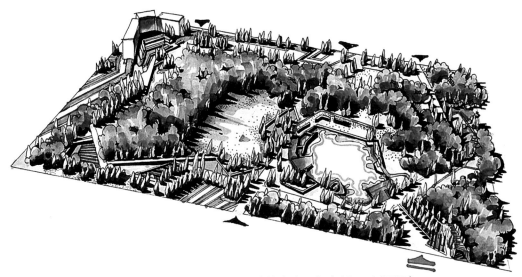

图6-56　景观规划鸟瞰图马克笔表达深化（来源：刘霜阳）

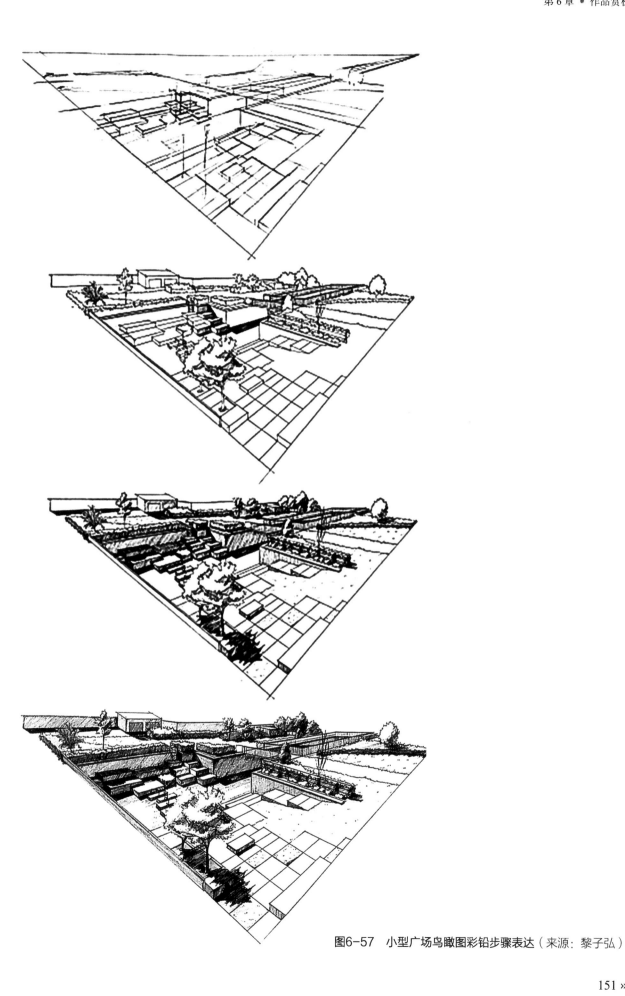

图6-57 小型广场鸟瞰图彩铅步骤表达（来源：黎子弘）

图6-58 某小区中心景观鸟瞰图线稿（来源：蒙晓琳）

图6-59 某小区中心景观鸟瞰图马克笔表达（来源：蒙晓琳）

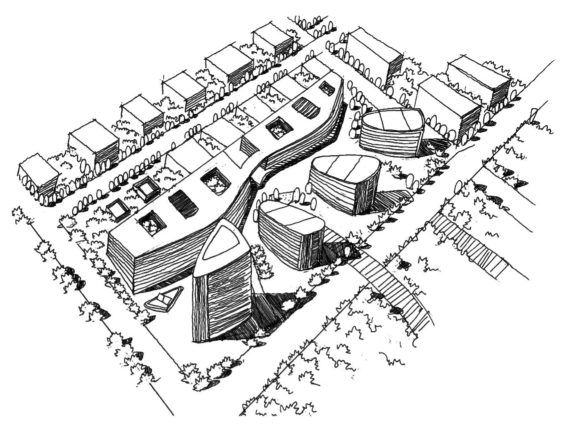

图6-60　城市规划鸟瞰图（来源：林瑞钊）

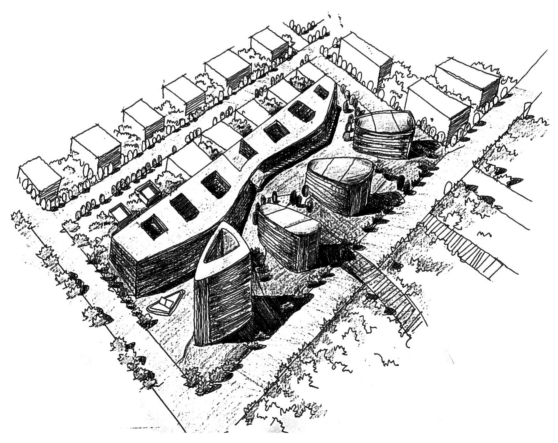

图6-61　城市规划鸟瞰图彩铅表达（来源：林瑞钊）

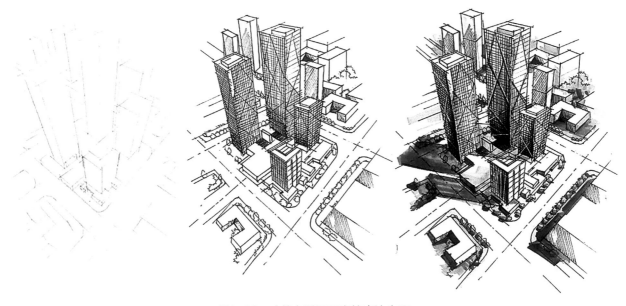

图6-62　建筑鸟瞰图马克笔表达步骤

6.2.3 景观设计马克笔表达作品赏析（图6-63~图6-72）

图6-63　景观池马克笔表达（来源：严佳丽）

图6-64　小型休闲广场效果图马克笔表达

图6-65　休闲广场马克笔表达（来源：严佳丽）

图6-66　景观廊架效果图马克笔表达（来源：严佳丽）

图6-67　建筑效果图马克笔表达（来源：肖紫惠）

图6-68　休闲小屋马克笔表达

图6-69　景观水景马克笔表达

图6-70 休闲广场马克笔表达

图6-71 建筑马克笔表达
（来源：陈杨富）

图6-72 建筑景观表现图
（来源：单芊）

6.2.4 户外写生作品赏析（图6-73～图6-84）

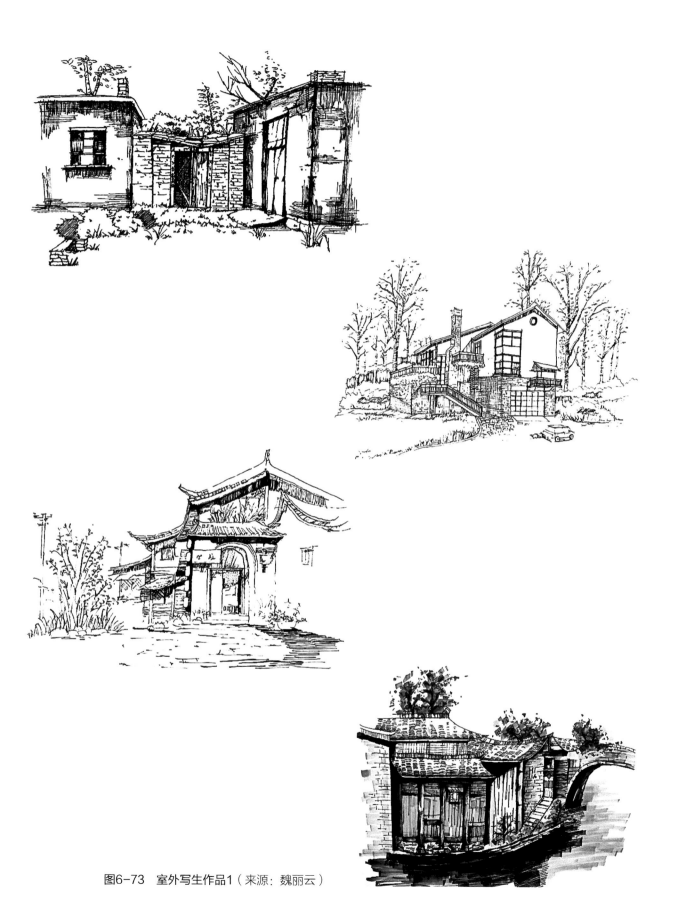

图6-73　室外写生作品1（来源：魏丽云）

图6-74 室外写生作品2（来源：杨凯仲）

图6-75 室外写生作品3（来源：吴家豪）

图6-76　室外写生作品4
（来源：彭倩愉）

图6-77　室外写生作品5
（来源：何明珊）

图6-78 室外写生作品6（来源：蔡欣怡）　　　　　图6-79 室外写生作品7（来源：杨凯仲）

图6-80 室外写生作品8（来源：杨凯仲）

图6-81 室外写生作品9
（来源：何明珊）

图6-82 室外写生作品10
（来源：何明珊）

图6-83　室外写生作品11
（来源：何明珊）

图6-84　室外写生作品12
（来源：何明珊）

单元习题与作业

▍理论思考：

（1）请尝试思考优秀作品具备哪些特征？具体体现在哪几个方面？

（2）举例说明室内设计与景观设计手绘效果图表达异同。

▍实训课题：

（1）选取1～3张自己感兴趣的优秀作品临摹。

（2）选取一个跟临摹作品类似的场景进行写生训练并与临摹作品进行对比。

第 7 章　艺术表达之计算机表达

▍ **教学目的**

了解计算机表达的作用与特点，计算机表达在环境设计领域的应用，计算机表达的优劣势并对室内设计、景观设计计算机表达优秀作品进行赏析找到其特征。

▍ **教学目标**

培养学生的专业认知及操作能力，学会运用不同设计表达方式传达设计创意。

▍ **教学重点**

计算机表达的作用与特点、计算机表达的优劣势。

▍ **教学难点**

计算机表达在环境设计领域的应用与室内设计、景观设计计算机表达作品制作。

▍ **建议课时**

16课时。

7.1 关于计算机设计表达

时代在高速发展的过程中，计算机软件技术的开发也越发成熟。甚至越来越多的环境设计师放弃传统的手绘设计方式，而采用计算机技术进行图纸设计。因计算机软件在设计中能形成3D形式的设计效果，对电子图纸进行直接描绘或者填充色彩[6]。设计领域的计算机表达，是计算机技术深化发展的设计产物，是对传统手绘技术的完善与颠覆。设计类的计算机表达需依靠一些特定的硬件设备与操作指令来完成。硬件设备指手绘板、数位板、绘图板等产品；操作指令特指设计类软件中的操作快捷键。在信息化社会的今天，无论是课程教学、建筑工程还是艺术设计等领域，社会各行各业都有着计算机技术的身影。计算机技术与设计工作的融合，另外设计行业发生了革命性变化，也使手绘得到了更多元化的发展。如何将计算机技术与艺术设计融合统一，并保持艺术设计的美感和艺术感，是二者之发展的关键（图7-1）。

图7-1　现代办公空间中庭效果图（来源：方中设计）

7.2 计算机表达在环境设计领域的应用

随着社会经济的发展，环境设计领域已成为时下最热门的行业，因而对环境设计也提出了更高的要求，如结构严谨、数据精确、方案缜密等。如果仅靠传统手工绘制的话，难免跟不上时代的脚步和客户的要求[7]。计算机制图软件的出现，不仅大大提高了制图的效率，增加了绘图的色彩渲染，而且也使效果图更为逼真。因此，计算机表达也越来越受到设计师的喜爱（图7-2）。

环境设计领域中手绘表达是传递设计理念的关键，设计软件的出现使手绘表达获得新风貌。环境设计的工作一般规模都较为庞大，且设计信息繁多，为了保证设计的精准度与速度，应运而生的就是一系列设计软件。环境设计专业的设计软件种类繁多，且软件之间皆有互通性，这里不做细分，只做大概介绍（图7-3）。

7.2.1 AutoCAD制图

AutoCAD（Autodesk Computer Aided Design）用于二维绘图、详细绘制、设计文档和基本三维设计。在室内设计与景观设计中它都起到奠基作用，多用来绘制基础平面图、立面图与后期施工图。与手绘表达不同的是，它对尺度的要求更为精准，其丰富的操作指令也为设计绘图带来更多可能性与便捷性（图7-4）。

1. 图纸空间和模型空间

图纸空间和模型空间一样都是一种载体，模型空间承载几何对象构成的图形，图纸空间承载视图、标注、注释以及图框，还包括页面设置（图7-5）。

2. 布局和图纸空间

视图、标注和注释以及页面设置在图纸空间里调整、安排的过程称为布局，同时布局也指这种调整、安排的结果（图7-6）。

7.2.2 Sketch Up制图

草图大师（Sketch Up）以快速便捷创建、观察和修改三维模型为亮点，是将传统铅笔草图绘图与计算机技术完美融合的设计软件。它可以用来制作室内外模型与效果图，功能丰富，十分便捷，是手绘表达的延伸发展（图7-7）。

1. 导入CAD文件

选择菜单中的"文件"选项，选择其中的"导入"命令，在其子菜单中选择"导入DWG/DXF"选项（图7-8）。之后系统会自动跳出一个对话框，在对话框的右下角有一个"选项……"，点击之后会出来一个新的对话框，在此对话框中选择"单位"为mm，（此选项中建议使用此单位），选择此单位是为了保证导入Sketch Up的

图7-2 现代办公中庭设计（来源：方中设计）

图7-3 设计软件图标
（来源：严佳丽）

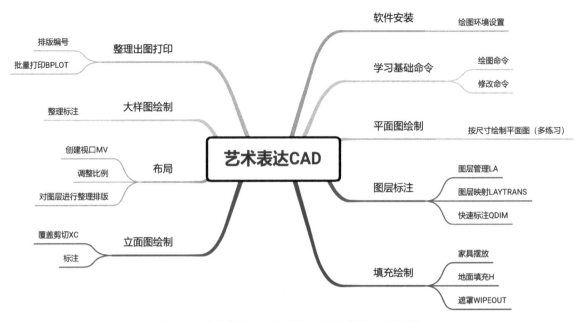

图7-4 艺术表达CAD制图流程图（来源：严佳丽）

图7-5 艺术表达CAD制图模型界面图（来源：严佳丽）

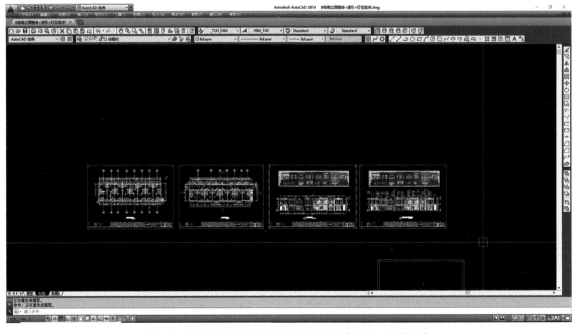

图7-6 艺术表达CAD制图布局界面图（来源：严佳丽）

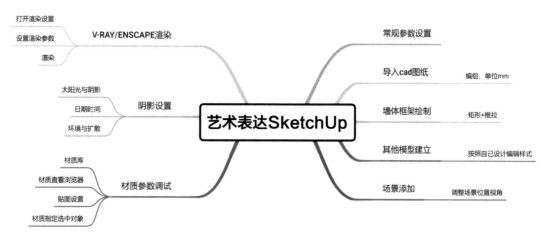

图7-7 艺术表达Sketch Up制图流程图（来源：严佳丽）

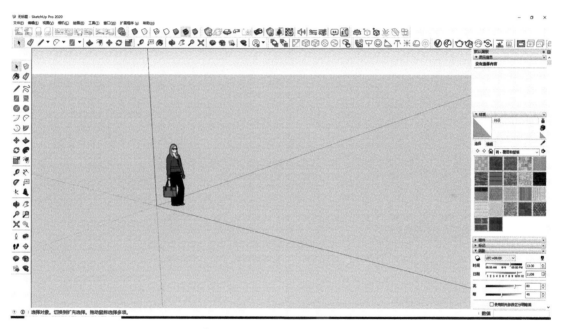

图7-8 艺术表达Sketch Up打开界面图（来源：严佳丽）

CAD图与CAD中的图比例保持1：1，这样在建模型中就可以保证在由平面生成立体的时候，高度按照实际尺寸来进行拉伸。然后选择要导入的DWG图文件选择"导入"命令。CAD图自动导入Sketch Up中。

2. 建立模型

在CAD文件形成的线形文件上，利用矩形命令在平面上形成闭合图形，随后进行拉伸生成立体。根据设计造型分别进行拉伸、多边形等命令进行模型建立，最终形成建筑主体（图7-9）。

3. 材质赋予

在"材质查看浏览器"对话框中选择"创建"按钮。在跳出的"添加材质混合"对话框中，勾选"使用贴图"选项，系统会自动跳出一个"选择图像"对话框，从中找到你要应用的那种材质的图片之后，点击"打开"，在此后自动跳出的文件夹中选择"添加"命令。在"材质查看浏览器"中的"模型中"将会显示出刚才添加的材质。点击此材质的图案，之后点击所要的模型，材质会自动附加在模型上（图7-10）。

图7-9　艺术表达Sketch Up模型建立图（来源：严佳丽）

图7-10　艺术表达Sketch Up赋予材质图（来源：严佳丽）

4．使用V-Ray或者ENSCAPE进行渲染（图7-11）

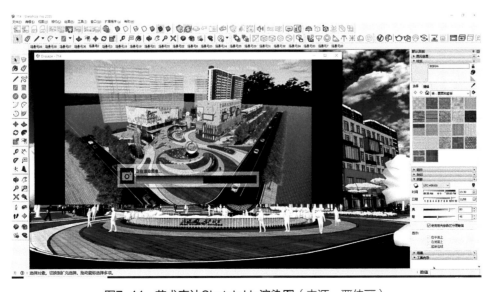

图7-11　艺术表达Sketch Up渲染图（来源：严佳丽）

7.2.3 3DMAX制图

3DMAX（3D Studio Max）是基于PC系统的三维动画渲染和制作软件，它常用来制作室内效果图，其中对于灯光与材质的应用是此软件的一大特色，也是丰富室内效果图的利器。这款软件的建模功能也十分强大，这项功能可以构建出设计师的设计想法，将二维设计转换成三维立体设计。相较于手绘效果图的灵活性，它制作出的效果图往往需要与生活场景契合，具有真实性的特点（图7-12）。

1. 使用各种图形命令，做出基本几何模型

设置3DMAX的系统单位为mm。导入事前制作好的CAD图纸。全部选择—结组—使用移动命令设置模型的X、Y、Z轴为O—冻结。右键单击捕捉命令，进行捕捉设置，选择顶点捕捉，使用挤出命令挤出高度，并转化为可编辑多边形，可建立多个多边形、建筑地面等（图7-13）。

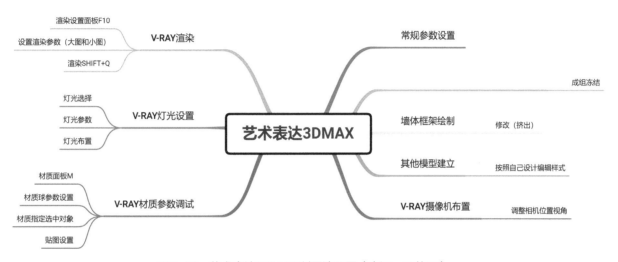

图7-12 艺术表达3DMAX制图流程图（来源：严佳丽）

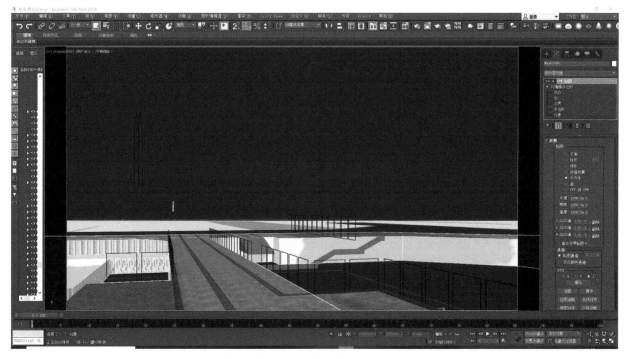

图7-13 艺术表达3DMAX基本模型图（来源：严佳丽）

2. 使用高级建模命令，修整模型细节、比例、大小等

在网络中找到需要的模型并下载，使用导入—合并，将下载好的模型导入自己的模型中，并放到合适位置。也可以用Sketch Up做出造型简单的模型，导出为3DS文件，并导入到3DMAX，放到合适位置（图7-14）。

3. 开启V-RVY渲染器，给模型贴图，赋予材质

加载预设的V-RVY渲染参数。M键打开材质面板，选择材质球。调整参数成自己想要的材质。选择物体，单击"将材质指定给选定对象"

按钮。单击"视窗中显示明暗处理材质"按钮。在网络中搜索合适的材质贴图，下载并保存在特定的文件夹内，方便整理。将调好的材质指定给选定对象。打开"视窗中显示明暗处理材质"，并在修改器中给予选中物体uvw贴图命令。在uvw贴图面板中调整贴图的位置大小至合适。最后将摄像机内的所有场景材质制作好，调整好贴图（图7-15）。

4. 调整摄影机和灯光

调整视图为顶视图，在合适位置创建摄像机。选择摄像机和视点，设置Z轴的高度为900～1000。在顶视图中调整摄像机角度为自己

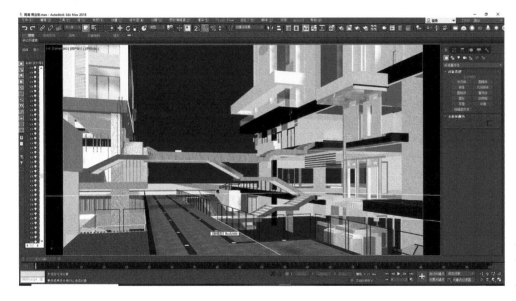

图7-14
艺术表达3DMAX细节模型建立图（来源：严佳丽）

图7-15
艺术表达3DMAX材质图（来源：严佳丽）

想要的合适角度，可以为一点透视和两点透视，并且要有重点表现的内容。在修改器面板中修改摄像机的镜头参数为合适参数。在剪切平面面板中勾选手动剪切，设置近距剪切和远距剪切为合适的数值。按C键查看摄像机画面，继续调整参数至满意。按Shift+C键隐藏摄像机。制作灯带：在创建面板中选择灯光，在下拉菜单中选择V-RAY，创建需要的光源并布置在模型中。在修改器中调整创建好的面光源参数、强度、色调冷暖、长宽至合适，并打开灯光不可见。按F10键打开渲染设置面板，在下拉菜单中选择预先设置

好的小图渲染参数。按Shift+Q键渲染。观察灯光效果，然后关闭渲染，继续调整灯光参数至合适（图7-16）。

5. 设置参数，渲染出图

不断按Shift+Q键，观察渲染效果，查看材质效果。分析材质偏差原因，调整灯光参数以免造成曝光，调整材质反射光泽度、细分、凹凸等避免材质失真。调整到满意之后按F10键加载大图渲染参数，调整分辨率至合适，开始渲染（图7-17、图7-18）。

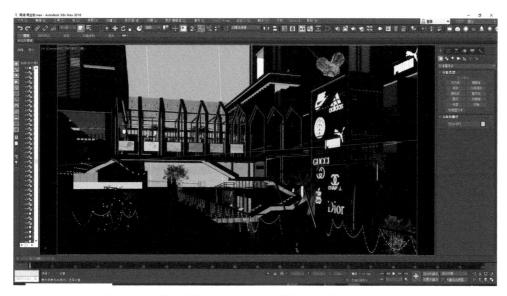

图7-16 艺术表达3DMAX灯光摄像机图（来源：严佳丽）

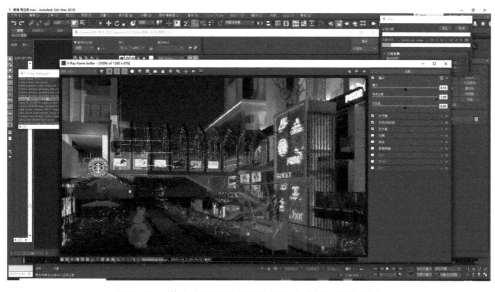

图7-17 艺术表达3DMAX渲染图（来源：严佳丽）

图7-18 艺术表达3DMAX渲染最终图（来源：严佳丽）

7.2.4 PS制图

PS（Photoshop）是一款功能极其强大的图像处理软件，它的功能涉及图像、图形、文字、视频、出版等各方面。在环境设计领域它常用来处

理效果图，使效果图更为精美（图7-19）。

PS还可以用于环境设计其他环节图像的制作，例如优化效果图、设计展板、设计平面图等的美化制作（图7-20）。

图7-19 艺术表达PS打开页面图（来源：严佳丽）

图7-20 艺术表达PS优化效果图界面图（来源：严佳丽）

7.3 计算机表达的优劣分析

计算机表现手法与传统的绘图与模型表现手法相比，计算机表现手法在方案设计、图纸绘图、模型的建立以及后期图像处理的过程中不仅可以提高设计效果图的直观性与真实性，同时也在动画与虚拟现实中显示了巨大的优势。[8]由于三维模型以及影像处理十分注重人的视觉模拟，且能够将设计人员的构想更加接近于现实，从而可以将事物与表现形式进行有效的结合。

7.3.1 优势分析

1. 丰富表达

传统的手绘表达仅仅局限于二维平面，而计算机技术的强大功能可以使设计者以多种形式展现自己的设计理念。设计者可以利用特定软件对设计进行视频、音频、图片的多元化展示，这不仅能丰富设计的表达形式，还可以使设计者与观者之间进行深化互动，促进观者对设计的理解（图7-21）。

2. 保证精度

手绘表达是绘图者根据思维进行的创造活动，感性是它的特色，但也代表它不具有可靠的精准度。计算机的研究方法依靠严格的线性逻辑方法，且设计软件皆带有许多操作命令，每一项命令的执行都具有明确的指向性，这意味着它对画面尺度的把控更为准确，也更方便制作复杂画面，是计算机绘图的一大特点（图7-22）。

3. 提高速度

计算机技术的操作指令替代了传统的纸笔，在计算机技术出现之前，一个项目的设计工期是比较久的，图纸出现问题修改会花费很多时间，传统手绘需要在特定的场景，使用特定且多样的工具来完成，但是计算机技术只需要在屏幕中输入特定的快捷指令就可以完成一系列复杂的操作，还可以随时进行修改，能更精准、更快速地帮助人们完成设计（图7-23）。

7.3.2 劣势分析

1. 固化思维

计算机技术在环境设计领域更多的优势体现在其精准度，但是作为设计者，活跃独特的思维模式是立身之本，手绘表达可以即时快速地记下

图7-21　商业空间展示区效果图（来源：方中设计）

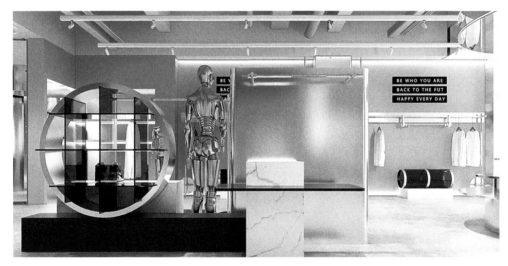

图7-22　科技简约服装店设计效果图（来源：方中设计）

图7-23　极致简约办公空间设计效果图（来源：方中设计）

设计师的实时灵感。而计算机技术让人迷失，使人陷入固定操作的陷阱，弱化设计思想，这是其一大弊端。

2. 设计雷同

随着设计软件的不断完善更新，其功能越发强大，但也带来一些忧患。图像、模型等的随意复制，是如今计算机设计表达的不好现象，而其造成的直接影响就是创新思维的退化，这也是极其严重恶劣的后果，不利于设计的和谐发展。

3. 缺乏感性

设计软件的强大功能使我们频频心动，但又因受到技术与资源的固化界定，设计者的进行设计时不会像进行手绘表达时具有灵动性与随意性，只会更加偏于理性。

总的来说，在计算机技术广泛应用的时代背景下，每个设计者都应该保持对设计的原始热忱。我们要维持好计算机表达与手绘表达的平衡关系，二者不一定完美，但可以互补，我们要辩证地看待两者，只有充分利用两者的强大优势，才能绘制出一幅完美的作品。

7.4 计算机表达作品赏析之室内设计

随着计算机技术的不断进步，室内设计领域的微机辅助软件也在不断地创新，已经受到了很多设计师的青睐。设计师不仅可以在较短的时间完成生动、真实、形象的设计作品，还能便捷地呈现给客户，给予客户效果预知，提前体会到未来设计落地之后的感受（图7-24～图7-35）。

在计算机技术出现之前，一个项目的设计工期是比较久的，图纸出现问题修改会花费很多时间，但是计算机技术能更精准、更便捷、更快速地帮助人们完成设计过程（图7-36～图7-61）。

图7-24 华锦铭盛大厦写字楼首层大堂设计效果图1
（来源：方中设计）

图7-25 华锦铭盛大厦写字楼首层大堂设计效果图2
（来源：方中设计）

图7-26 华锦铭盛大厦写字楼首层大堂设计效果图3
（来源：方中设计）

图7-27　华锦铭盛大厦写字楼前台设计效果图（来源：方中设计）

图7-28　华锦铭盛大厦写字楼茶水间设计效果图1（来源：方中设计）

图7-29　华锦铭盛大厦写字楼茶水间设计效果图2（来源：方中设计）

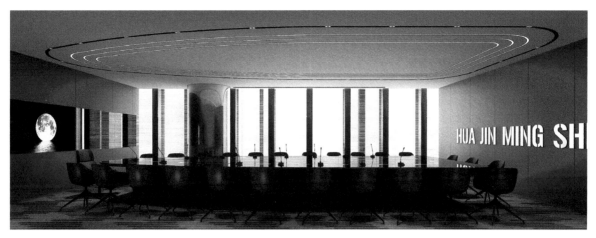

图7-30 华锦铭盛大厦写字楼会议大厅设计效果图1（来源：方中设计）

图7-31 华锦铭盛大厦写字楼会议大厅设计效果图2（来源：方中设计）

图7-32 华锦铭盛大厦写字楼办公室设计效果图（来源：方中设计）

图7-33　探索无界&洋葱办公空间设计效果图（来源：方中设计）

图7-34　探索无界&洋葱办公空间休息区设计效果图（来源：方中设计）

图7-35　探索无界&洋葱办公空间办公区设计效果图（来源：方中设计）

图7-36　儋州味城美食广场设计效果图1（来源：方中设计）

图7-37　儋州味城美食广场设计效果图2（来源：方中设计）

图7-38　儋州味城美食广场设计效果图3（来源：方中设计）

图7-39 儋州味城走廊设计效果图1（来源：方中设计）

图7-40 儋州味城走廊设计效果图2（来源：方中设计）

图7-41 儋州味城走廊设计效果图3（来源：方中设计）

图7-42 儋州味城南北中庭设计效果图1
（来源：方中设计）

图7-43 儋州味城南北中庭设计效果图2
（来源：方中设计）

图7-44 儋州味城南北中庭设计效果图3
（来源：方中设计）

图7-45　复古风酒吧室内设计效果图1（来源：方中设计）

图7-46　复古风酒吧室内设计效果图2（来源：方中设计）

图7-47　复古风酒吧室内设计效果图3（来源：方中设计）

**图7-48 平乐坊小学
图书馆设计效果图1**
（来源：方中设计）

**图7-49 平乐坊小学
图书馆设计效果图2**
（来源：方中设计）

**图7-50 平乐坊小学
图书馆设计效果图3**
（来源：方中设计）

图7-51 牛阁烧烤吧
设计效果图1（来源：
方中设计）

图7-52 牛阁烧烤吧
设计效果图2（来源：
方中设计）

图7-53 牛阁烧烤吧
设计效果图3（来源：
方中设计）

图7-54　东莞鳌台
书院设计效果图1
（来源：方中设计）

图7-55　东莞鳌台
书院设计效果图2
（来源：方中设计）

图7-56　东莞鳌台
书院设计效果图3
（来源：方中设计）

图7-57 木艺餐饮空间
设计（来源：方中设计）

图7-58 温馨商业小吃
街设计（来源：方中设计）

图7-59 沉浸式复古商业
街设计（来源：方中设计）

图7-60 YOUNG FOU 24国际潮牌买手店室内设计效果图（来源：方中设计）

图7-61 YOUNG FOU 24国际潮牌买手店展示区设计效果图（来源：方中设计）

7.5 计算机表达作品赏析之景观设计

计算机已经在设计领域不可或缺，计算机软件也在不断更新，操作越来越简明，功能越来越丰富，未来的计算机辅助设计也会有更好的发展。随着科学技术的发展和艺术发展规律的变化，计算机也将结合科学与艺术，让人类把握设计传统，架设未来，引导使用者走进一个虚拟的空间欣赏设计者的作品，在现实中发展且改变着现实，成为艺术的缔造者，真正为人民服务。在计算机介入设计之前，设计师独立进行设计的情况多，合作较少，我们可以看到过去很多世界著名的设计大师以及代表他们风格的作品。现在设计公司逐渐取代了独立设计师，设计的风格则与设计公司、生产产品的企业形象相配合，设计在更大程度上是团体行为，而不是艺术家们酣畅淋漓的表演。

设计表达是整个设计过程中尤为重要的环节，它是设计从思想变为实体的过程，也是设计师与其他人交流、讨论设计方案、得到甲方首肯的必需品。目前，有许多计算机软件是专门为设计而研发的，它们基本上都能实现设计表达的功能，设计师可以根据不同需要来选择相应软件。利用计算机软件表达便于设计方案的修改和存储、节省大量纸张和材料的同时也能为设计提供更为灵活的演示方式，因而受到世界各地设计师的喜爱（图7-62～图7-67）。

作为设计者要始终牢记计算机技术是手段而非目的，熟练掌握计算机辅助设计的各种工具既是时代对设计者提出的新的要求，也是时代赠予设计者的百宝箱。所谓大音希声、大象无形，好的设计一定是符合自然规律、关爱人类身心发展的，作为一名有职业操守的设计者，更要不忘初心，时刻牢记设计以人为本，万万不能一味地追求浮于表面、流于形式的设计（图7-68～图7-84）。

图7-62　华锦铭盛大厦写字楼室外建筑设计效果图1（来源：方中设计）

图7-63　华锦铭盛大厦写字楼室外建筑设计效果图2（来源：方中设计）

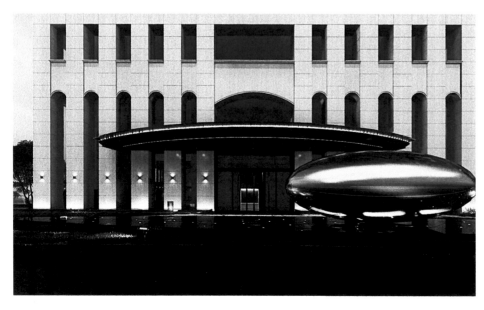

图7-64　华锦铭盛大厦写字楼室外建筑设计效果图3（来源：方中设计）

图7-65　探索无界＆洋葱办公空间户外景观设计效果图1（来源：方中设计）

图7-66　探索无界＆洋葱办公空间户外景观设计效果图2（来源：方中设计）

图7-67　探索无界＆洋葱办公空间户外景观设计效果图3（来源：方中设计）

图7-68　满庭芳华商业街设
计效果图1（来源：方中设计）

图7-69　满庭芳华商业街设
计效果图2（来源：方中设计）

图7-70　满庭芳华商业街设
计效果图3（来源：方中设计）

图7-71　南浦时代商业街区设计
效果图1（来源：方中设计）

图7-72　南浦时代商业街区设计
效果图2（来源：方中设计）

图7-73　南浦时代商业街区设计
效果图3（来源：方中设计）

图7-74 南浦时代商业街区户外艺术装置设计效果图1（来源：方中设计）

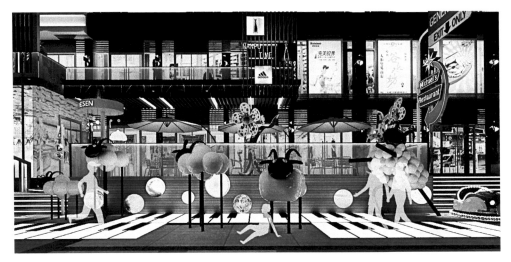

图7-75 南浦时代商业街区户外艺术装置设计效果图2（来源：方中设计）

图7-76 南浦时代商业街区户外艺术装置设计效果图3（来源：方中设计）

图7-77　满庭芳华商业街区现代创意廊架设计（来源：方中设计）

图7-78　满庭芳华商业街区入口设计（来源：方中设计）

图7-79　南浦时代商业街区户外艺术装置设计（来源：方中设计）

图7-80　简欧风格店铺门头设计（来源：方中设计）

图7-81　南浦时代商业街区中庭设计效果图1（来源：方中设计）

图7-82　南浦时代商业街区中庭设计效果图2（来源：方中设计）

图7-83 还原自然休闲区设计（来源：方中设计）

图7-84 还原自然民宿设计（来源：方中设计）

单元习题与作业

▌**理论思考：**

（1）手绘效果图表达与计算机表达的优劣势分析。

（2）计算机表达的作用与特点具体体现在哪些方面？

▌**实训课题：**

（1）选取1个自己设计的室内设计或景观设计方案进行手绘效果图绘制并将其转为计算机效果图。

（2）对所有章节课后练习进行总结归纳，找出自己常出现的问题并加以改正。

参考文献

[1] 杨震. 电脑手绘在建筑室内设计教学中的创新应用[J]. 大观，2018（12）：151-152.

[2] 张龙，蒙良柱，黄晓明. 建筑室内设计专业群新技术课程改革探析——以数字化手绘课程为例[J]. 居业，2021（05）：23-24，26.

[3] 张湘晖. 浅析sketchbook电脑手绘在室内设计教学中的创新应用[J]. 大众文艺，2018（14）：204.

[4] 唐殿民. 建筑速写的临摹与写生[J]. 中外企业家，2017（08）：270.

[5] 张江东. 环艺设计专业中手绘效果图的色彩表现及价值[J]. 流行色，2021（10）：111-112.

[6] 杜佐正. 现代电脑效果图和传统手绘效果图制作的结合[J]. 美与时代（上），2017（09）：79-81. DOI:10.16129/j.cnki.mysds.2017.09.032.

[7] 仝涵琦，蒋粤闽. 室内设计电脑效果图真实感探索[J]. 建材与装饰，2018（41）：107-108.

[8] 张绮曼，郑曙旸. 室内设计资料集[M]. 北京：中国建筑工业出版社，1991.

[9] 尹定邦. 设计学概论[M]. 长沙：湖南科学技术出版社，2003.

[10] 来增祥，陆震纬. 室内设计原理[M]. 北京：中国建筑工业出版社，2004.

[11] 周家柱. 建筑速写技法[M]. 广州：华南理工大学出版社，2000.

[12] 李保峰，李钢. 建筑表现[M]. 武汉：湖北美术出版社，2000.

[13] 席跃良，黄舒立，李鸿明. 环境艺术设计手绘效果图表现技法[M]. 北京：中国电力出版社，2000.

[14] 刘铁军，杨冬江. 表现技法[M]. 北京：中国建筑工业出版社，2006.

[15] 田原. 室内外效果图表现技法[M]. 北京：中国建筑工业出版社，2006.

[16] 张炜，周勃，吴志峰. 室内设计表现技法[M]. 北京：中国电力出版社，2007.

[17] 杰克逊. 光感的表现[M]. 南京：江苏美术出版社，2005.

[18] 李诚，宁宇航，郑晓慧，付岳潇. 建筑·景观·室内设计手绘技术大全[M]. 北京：人民邮电出版社，2015，8：466.

[19] 窦学武. 室内设计手绘效果图表现技法[M]. 重庆：重庆大学出版社，2016，8：115.

[20] 马磊，汪月，于坤，王佳，付倩，黄晶，吕芳. 环境设计手绘表现技法[M]. 重庆：重庆大学出版社，2018，8：76.

[21] 张大为. 景观设计[M]. 北京：人民邮电出版社，2016，6：220.

[22] 曹祥哲. 室内陈设设计[M]. 北京：人民邮电出版社，2015，8：177.

[23] Preiser Wolfgang F. E.. Environmental Design Perspectives: Viewpoints on the Profession, Education and Research[M]. Taylor and Francis: 2016-02-05.

[24] Day Christopher. Places of the Soul: Architecture and environmental design as healing art[M]. Taylor and Francis: 2017-09-19.

[25] Sofie Pelsmakers. The Environmental Design Pocketbook[M]. RIBA Publishing: 2019-10-23.